中等职业学校计算机系列教材

zhongdeng zhiye xuexiao jisuanji xilie jiaocai

计算机图形图像处理
Photoshop CS 中文版

（第2版）

◎ 郭万军 朱春蕾 主编

◎ 纪丽 李辉 副主编

U0128872

人民邮电出版社

北京

图书在版编目（CIP）数据

计算机图形图像处理Photoshop CS中文版 / 郭万军，朱春蕾主编. -- 2版. -- 北京 : 人民邮电出版社，2011.10

中等职业学校计算机系列教材

ISBN 978-7-115-25090-2

Ⅰ. ①计… Ⅱ. ①郭… ②朱… Ⅲ. ①图象处理软件，Photoshop－中等专业学校－教材 Ⅳ. ①TP391.41

中国版本图书馆CIP数据核字(2011)第140812号

内 容 提 要

  本书以图像处理为主线，全面介绍 Photoshop CS 中文版的基本操作方法和图像处理技巧，包括 Photoshop 系统的启动、操作界面、图形图像基本概念、软件的基本操作方法、工具箱的使用、路径和矢量图形、文本的输入与编辑、图层、通道和蒙版的概念及应用方法、图像的基本编辑和处理、图像颜色的调整方法、滤镜介绍及常用特殊效果的制作等内容。

  各章内容的讲解都以实例操作为主，全部操作实例都有详尽的操作步骤，突出对学生的实际操作能力的培养。在每章的最后均设有练习题，使学生能够巩固并检验本章所学知识。

  本书适合作中等职业学校"计算机图形图像处理"课程的教材，也可作为 Photoshop 初学者的自学参考书。

中等职业学校计算机系列教材

计算机图形图像处理Photoshop CS中文版（第2版）

◆ 主　　编　郭万军　朱春蕾

  副 主 编　纪　丽　李　辉

  责任编辑　王亚娜

◆ 人民邮电出版社出版发行　　北京市崇文区夕照寺街 14 号

  邮编　100061　电子邮件　315@ptpress.com.cn

  网址　http://www.ptpress.com.cn

  大厂聚鑫印刷有限责任公司印刷

◆ 开本：787×1092　1/16

  印张：16　　　　　　　2011 年 10 月第 2 版

  字数：395 千字　　　　2011 年 10 月河北第 1 次印刷

ISBN 978-7-115-25090-2

定价：29.80 元

读者服务热线：(010)67170985　印装质量热线：(010)67129223

反盗版热线：(010)67171154

广告经营许可证：京崇工商广字第 0021 号

中等职业学校计算机系列教材编委会

中等职业教育是我国职业教育的重要组成部分，中等职业教育的培养目标定位于具有综合职业能力，在生产、服务、技术和管理第一线工作的高素质的劳动者。

随着我国职业教育的发展，教育教学改革的不断深入，由国家教育部组织的中等职业教育新一轮教育教学改革已经开始。根据教育部颁布的《教育部关于进一步深化中等职业教育教学改革的若干意见》的文件精神，坚持以就业为导向、以学生为本的原则，针对中等职业学校计算机教学思路与方法的不断改革和创新，人民邮电出版社精心策划了《中等职业学校计算机系列教材》。

本套教材注重中职学校的授课情况及学生的认知特点，在内容上加大了与实际应用相结合案例的编写比例，突出基础知识、基本技能。为了满足不同学校的教学要求，本套教材中的 3 个系列，分别采用 3 种教学形式编写。

- 《中等职业学校计算机系列教材 —— 项目教学》：采用项目任务的教学形式，目的是提高学生的学习兴趣，使学生在积极主动地解决问题的过程中掌握就业岗位技能。

- 《中等职业学校计算机系列教材 —— 精品系列》：采用典型案例的教学形式，力求在理论知识"够用为度"的基础上，使学生学到实用的基础知识和技能。

- 《中等职业学校计算机系列教材 —— 机房上课版》：采用机房上课的教学形式，内容体现在机房上课的教学组织特点，学生在边学边练中掌握实际技能。

在教材使用中有什么意见或建议，均可直接与我们联系，电子邮件地址是 wangyana@ptpress.com.cn，wangping@ptpress.com.cn。

中等职业学校计算机系列教材编委会

2011 年 3 月

前 言

本书以 Photoshop CS 中文版为平台，详细讲述利用 Photoshop 进行图形图像处理和创作的流程及方法。

本书的最大特点是体现了"任务驱动，案例教学"的方法，充分考虑了中等职业学校教师和学生的实际需求，按照基本工具和菜单命令的先后使用顺序，列举了大量的典型实例来讲解 Photoshop CS 的基本操作方法和应用技巧，使教师教起来方便，学生学起来实用，能够尽可能地满足中等职业学校相关专业的教学需求。

本书根据教育部职业教育与成人教育司组织制定的《中等职业学校计算机及应用专业教学指导方案》的要求，并以《全国计算机信息高新技术考试技能培训和鉴定标准》中"职业技能四级"（操作员）的知识点为标准，专门为中等职业学校编写。学生通过学习本书，能够掌握 Photoshop CS 的基本操作和图像处理的技巧，并能顺利通过相关的职业技能考核。

根据一般的学习规律，本书以章为基本写作单位，每章介绍一类完整的功能或图像处理技巧，并配以实例进行讲解，使学生能够迅速掌握相关操作方法。对于本书，建议总的课时数为72 课时。教师一般可用 28 个课时来讲解本书内容，然后配合《计算机图形图像处理 Photoshop CS 上机指导与练习》一书，再配以 44 个课时的上机时间，即可较好地完成教学任务。

书中每章由以下几个主要部分组成。

- 本章学习目标：罗列出了本章的主要学习内容，教师可用它作为简单的备课提纲，学生可通过学习目标对本章的内容有一个大体的认识，使老师和学生都做到心中有数。
- 命令简介：讲解在制作实例过程中要用到的命令及各选项的功能，使学生在学习和操作过程中能知其然，并知其所以然。
- 操作步骤：将精心准备的案例一步一步做出来。案例的制作步骤连贯，不会有大的跳步，做到关键步骤时，会及时提醒学生应注意的问题。
- 案例小结：在每个案例完成后，教师要引导学生进行案例总结，教师最好再找一些同类案例进行简单的分析，以拓展学生的思路。
- 操作与练习：在每章的最后都准备了一组练习题，包括填空、选择、简答和操作题 4 类题目，用以检验学生的学习效果。

本书适合作为中等职业学校"计算机图形图像处理"课程的教材，也可作为一般平面设计人员以及电脑美术设计爱好者的自学参考书。

本书由郭万军、朱春蕾任主编，纪丽、李辉担任副主编，参加本书编写工作的还有沈精虎、黄业清、宋一兵、谭雪松、向先波、冯辉、计晓明、滕玲和董彩霞。

由于编者水平有限，书中难免存在疏漏之处，敬请广大读者指正。

编者

2011 年 6 月

目 录

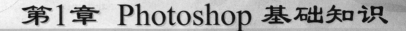

第1章 Photoshop 基础知识

Photoshop CS 作为专业的图像处理软件，可以使用户提高工作效率，为用户提供新的创作方式，也可以适用于打印或制作 Web 图形和其他用途的最佳品质的图像等。通过它便捷的文件数据访问、流线型的 Web 设计、更快的专业品质照片润饰功能等，可创造出无比精彩的影像世界。

本章主要介绍 Photoshop CS 的启动和退出、界面分区、窗口的大小调整、控制面板的显示和隐藏、拆分与组合等操作。

- 学会 Photoshop CS 的启动和退出方法。
- 了解 Photoshop CS 界面分区。
- 学会软件窗口的大小调整方法。
- 学会控制面板的显示与隐藏方法。
- 学会控制面板的拆分与组合方法。

1.1 Photoshop CS 的启动和退出

学习某个软件，首先要掌握软件的启动和退出，本节主要介绍 Photoshop CS 的启动和退出的方法。

1.1.1 启动 Photoshop CS

首先确定计算机中已经安装了 Photoshop CS 中文版，下面介绍 Photoshop CS 的启动方法。

【例1-1】 启动 Photoshop CS。

 操作步骤

(1) 启动计算机，进入 Windows 界面。

(2) 在 Windows 界面左下角的 ![开始]按钮上单击，在弹出的开始菜单中，依次选择【程序】/【Adobe Photoshop CS】命令。

(3) 单击鼠标左键后稍等片刻，计算机将启动 Photoshop CS。

软件启动后，出现如图 1-1 所示的【欢迎屏幕】对话框。

在【欢迎屏幕】对话框中，有教程、提示和诀窍、色彩管理设置等信息，单击各信息图标可浏览相关的内容；单击右下角的 ![关闭]按钮，即可关闭此对话框。

图1-1 【欢迎屏幕】对话框

- 如果在下次启动软件时不想出现【欢迎屏幕】对话框，可取消勾选该对话框左下角的【启动时显示此对话框】复选框，这样以后再启动 Photoshop CS 时，将不再显示【欢迎屏幕】对话框。
- 如取消了【欢迎屏幕】对话框的显示后，又想在以后启动时显示该对话框，可选择菜单栏中的【编辑】/【预置】/【常规】命令，在弹出的【预置】对话框中单击 复位所有警告对话框(W) 按钮，然后单击 好 按钮即可。

 要点提示 在实际工作中，选择菜单栏中的【帮助】/【欢迎屏幕】命令，可随时将【欢迎屏幕】对话框调出。

(4) 关闭【欢迎屏幕】对话框后，即完成 Photoshop CS 的启动。

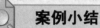 案例小结

掌握软件的正确启动方法是学习软件应用的必要条件。其他软件的启动方法与 Photoshop CS 的基本相同，只要在【开始】/【所有程序】菜单中找到安装的软件并单击即可。

1.1.2 Photoshop CS 工作界面介绍

下面介绍 Photoshop CS 工作界面中各分区的功能和作用。

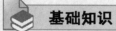 基础知识

Photoshop CS 工作界面按其功能可分为标题栏、菜单栏、属性栏、工具箱、状态栏、调板窗、控制面板、工作区和图像窗口 9 个部分，如图 1-2 所示。

一、标题栏

标题栏位于工作界面的最上方，显示为蓝色的区域。标题栏左侧部分显示该软件的图标和名称，当工作区中的图像窗口显示为最大化状态时，标题栏中还将显示当前编辑文档的名称；其右侧有 3 个 按钮，用于控制界面的显示大小以及关闭文件。

图1-2 Photoshop CS 工作界面中各分区名称

二、菜单栏

菜单栏位于标题栏的下方，包含 Photoshop CS 的各类图像处理命令，共有 9 个菜单，每个菜单下又有若干个子菜单，选择任意子菜单可以执行相应的命令。

- 打开任意一个菜单，可以发现，下拉菜单中有些命令的后面有英文字母组合，这样的字母组合键叫做快捷键，即不用打开下拉菜单，直接按键盘上的快捷键就可以执行相应的命令。例如，菜单栏中【文件】/【新建】命令的后面有"Ctrl+N"，这表示不用打开【文件】菜单，直接按 Ctrl+N 组合键就可以执行【新建】命令。

- 在菜单栏中有些命令的后面有省略号，表示选择此命令可以弹出相应的对话框。还有些命令的后面有向右的三角形符号，表示此命令还有下一级菜单。

- 另外，菜单栏中的命令除了显示黑色外，还有一部分显示为灰色，灰色的命令表示暂时不可用，只有在满足一定的条件之后才可执行。

三、属性栏

属性栏的默认位置是在菜单栏的下方，用于显示工具箱中当前选择工具的参数和选项设置。在工具箱中选择不同的工具时，属性栏中显示的选项和参数也各不相同。

例如，当单击工具箱中的 T （【横排文字】工具）按钮后，属性栏中只显示与文本相关的选项及参数。在画面中输入文字后，单击 ⊕ （【移动】工具）按钮来调整文字的位置，属性栏也将随之更新为与【移动】工具相关的选项和参数。

将鼠标指针放置在属性栏左侧的 ‖ 位置处按下鼠标左键并拖曳，可以将属性栏拖曳至界面的任意位置。如想将拖离默认位置的属性栏还原，可在属性栏左侧的蓝色区域处，按下鼠标左键并向其默认位置拖曳，释放鼠标后属性栏的位置即可还原。

四、工具箱

工具箱默认的位置是在界面的左侧，包含 Photoshop CS 的各种图形绘制和图像处理工具。例如，对图像进行选择、移动、绘制、编辑和查看的工具，在图像中输入文字的工具，更改前景色和背景色的工具，转到 Adobe ImageReady 和不同编辑模式中的工具等。

 要点提示 如果要移动工具箱在绘图窗口中的位置，只需将鼠标指针放置在工具箱上方的蓝色区域内，按下鼠标左键并拖曳即可。

将鼠标指针移动到工具箱中的任一按钮上时，该按钮将凸出显示，如果鼠标指针在工具按钮上停留一段时间，鼠标指针的右下角会显示该工具的名称，如图 1-3 所示。单击工具箱中的任一工具按钮，可将其选择。另外，大多数工具按钮的右下角带有黑色的小三角形符号，表示该工具还隐藏着其他同类工具，将鼠标指针放置在此类按钮上，按下鼠标左键不放或单击鼠标右键，即可将隐藏的工具显示出来，如图 1-4 所示。将鼠标指针移动到弹出工具组中的任一工具按钮上单击，可将该工具选择。工具箱以及所有隐藏的工具按钮如图 1-5 所示。

图1-3 显示工具按钮的名称

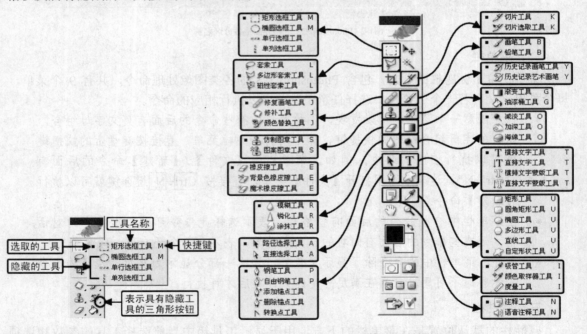

图1-4 选择的工具及隐藏的同类工具　　　　图1-5 工具箱及所有隐藏的工具按钮

五、状态栏

状态栏位于 Photoshop CS 工作界面的最下方，用于显示当前图像的状态及操作命令的相关提示信息。直接修改最左侧文本框中的数值，可以设置当前文件的显示大小。

六、调板窗

调板窗位于属性栏的右侧，用于停放各种控制面板，可以组织和管理控制面板。默认状态下，调板窗中显示【画笔】、【工具预设】和【图层复合】控制面板。

要点提示 调板窗只有在显示器的显示分辨率为 1024 像素×768 像素以上时才会显示。如果显示器的显示分辨率设置为 800 像素×600 像素，调板窗将被隐藏。

七、控制面板

控制面板的默认位置是在界面的右侧，Photoshop CS 共提供了 19 种控制面板。利用这些控制面板可以对当前图像的色彩、大小显示、样式以及相关的操作等进行设置和控制。

将鼠标指针移动到任一组控制面板上方的蓝色区域内，按住鼠标左键并拖曳，可以将其移动至工作界面的任意位置。单击任一控制面板右上角的 ▶ 按钮，在弹出的下拉菜单中选择【停放到调板窗】命令，可将该控制面板停放到调板窗中，使其井然有序地排列。

八、工作区

Photoshop CS 中大片的灰色区域称为工作区，工具箱、控制面板、图像文件窗口等都处于工作区内。

九、图像窗口

图像窗口是创建的文件工作区，也是展现和创作 Photoshop 作品的主要工作区域，图形的绘制以及图像的处理都在此区域中进行。

 知识小结

熟悉软件工作界面中各分区的功能与作用，才能在工作时得心应手。不论学习何种软件，首要的前提都是要了解该软件中各部分的功能，为以后工作时灵活运用其功能打下良好的基础。

1.1.3 退出 Photoshop CS

 基础知识

退出 Photoshop CS 主要有以下几种方法。

(1) 在 Photoshop CS 工作界面窗口标题栏的右侧有一组控制按钮，单击 ✕ 按钮，即可退出 Photoshop CS。

(2) 选择菜单栏中的【文件】/【退出】命令退出。

(3) 利用快捷键，即按 Ctrl+Q 组合键或 Alt+F4 组合键退出。

 知识小结

本节简单地介绍了 Photoshop CS 的退出方法，希望读者能够掌握，并养成正确启动和退出软件的好习惯。按 Alt+F4 组合键不但可以退出 Photoshop CS，而且也可以关闭计算机。

1.2 Photoshop CS 窗口基本操作

下面介绍 Photoshop CS 工作界面窗口大小的调整、控制面板的显示与隐藏以及控制面板的拆分与组合操作。

命令简介

- 【窗口】/【工作区】/【存储工作区】命令：利用此命令，可以将自定义后的窗口进行存储，以便在以后操作时灵活调用。
- 【窗口】/【图层】命令：利用此命令，在 Photoshop 工作区中可以显示或隐藏【图层】面板。

1.2.1　软件窗口的大小调整

当需要多个软件配合使用时，调整软件窗口的大小可以方便各软件间的操作。

【例1-2】　调整 Photoshop CS 窗口的大小。

操作步骤

(1) 在 Photoshop CS 标题栏右上角单击 ▪ （最小化）按钮，可以使工作界面窗口变为最小化图标状态，其最小化图标会显示在 Windows 系统的任务栏中，图标形态如图 1-6 所示。

(2) 在 Windows 系统的任务栏中单击最小化后的图标，Photoshop 工作界面窗口还原为最大化显示。

(3) 在 Photoshop 标题栏右上角单击 ☐ （向下还原）按钮，可以使窗口变为还原状态。还原后，窗口右上角的 3 个按钮即变为如图 1-7 所示的形态。

图1-6　最小化图标形态

图1-7　还原后的按钮形态

(4) 当 Photoshop 窗口显示为还原状态时，单击 ☐ （最大化）按钮，可以将还原后的窗口最大化显示。

(5) 单击 ✕ （关闭）按钮，可以将当前窗口关闭，退出 Photoshop。

要点提示　无论 Photoshop 窗口是以最大化显示还是还原显示，只要将鼠标指针放置在标题栏的蓝色区域内双击，即可将窗口在最大化和还原状态之间切换。当窗口为还原状态时，将鼠标指针放置在窗口的任意边缘处，鼠标指针将变为双向箭头形状，此时按下鼠标左键并拖曳，可以将窗口调整至任意大小。将鼠标指针放在标题栏的蓝色区域内，按住鼠标左键并拖曳，可以将窗口放置在 Windows 窗口中的任意位置。

案例小结

本节介绍了 Photoshop 窗口大小的调整方法，对于其他软件或是打开的任何文件，都可以通过这种方法来调整窗口的大小。

1.2.2　控制面板的显示与隐藏

在实际工作中，为了操作方便，经常需要调出某个控制面板，调整工作界面中部分面板的位置或将其隐藏等。本节介绍 Photoshop CS 中控制面板的显示与隐藏操作。

【例1-3】　控制面板的显示与隐藏操作。

操作步骤

(1) 启动 Photoshop CS，其默认的工作区如图 1-8 所示（如果此时的工作区不是图示的状态，可选择菜单栏中的【窗口】/【工作区】/【复位调板位置】命令）。

(2) 选择菜单栏中的【窗口】/【图层】命令，如图 1-9 所示。

(3) 单击此命令，【图层】面板组即在 Photoshop CS 默认工作区中隐藏，如图 1-10 所示。

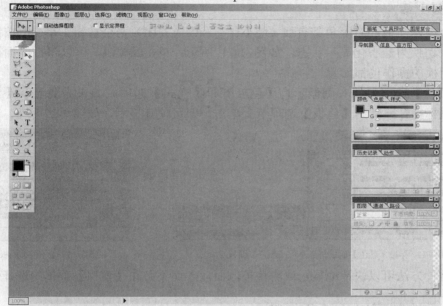

图1-8 Photoshop CS 默认工作区

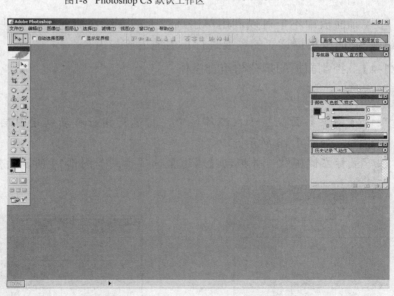

图1-9 选择【图层】命令　　　　　　图1-10 隐藏图层面板后的 Photoshop CS 工作区

在【窗口】菜单中，有一部分命令的左侧显示有"✔"符号，表示此控制面板或属性栏目前在 Photoshop 工作区中为显示状态；左侧没有"✔"的菜单命令，表示当前此控制面板或属性栏是隐藏状态。当隐藏了某个控制面板或属性栏后，再在【窗口】菜单下选择相应的命令，即可将隐藏的控制面板或属性栏显示。

 要点提示　反复按 Shift+Tab 组合键，可以将工作界面中的所有控制面板显示或隐藏；按 Tab 键，可以将工具箱、属性栏、状态栏、调板窗及控制面板同时显示或隐藏。

 案例小结

在每个控制面板的右上角都有□（最小化）和⊠（关闭）两个按钮。单击□按钮，可以将控制面板切换为最小化显示状态，如图 1-11 所示；单击⊠按钮，可以将控制面板关闭。其他控制面板的操作也都如此。

在【颜色】选项卡的右侧显示有【色板】和【样式】选项。如果需要显示【色板】面板，可将鼠标指针移动到【色板】选项卡上单击，即可使其显示，如图 1-12 所示。

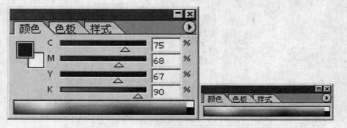
图1-11　标准【颜色】面板与最小化【颜色】面板

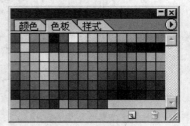
图1-12　【色板】面板

使用这种方法可以快捷地显示或隐藏控制面板，而不必在【窗口】菜单中选择了。

1.2.3　控制面板的拆分与组合

在控制面板中不但可以利用单击选项卡的方法快捷地选择要使用的控制面板，还可以将这些控制面板根据读者的需要进行自由地拆分与组合。

【例1-4】　控制面板的拆分与组合操作。

 操作步骤

(1) 确认【图层】面板显示在工作区中，将鼠标指针移动到【图层】面板中的【通道】选项卡上，如图 1-13 所示。

(2) 按下鼠标左键不放，并拖动【通道】选项卡到如图 1-14 所示的位置。

图1-13　鼠标指针放置的位置

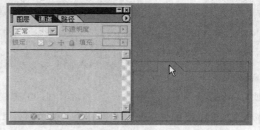
图1-14　拖动【通道】选项卡时的拆分状态

(3) 拖动【通道】选项卡到合适的位置后释放鼠标左键，拆分后的【通道】控制面板状态如图 1-15 所示。

至此，实现了对【通道】面板的拆分，下面再来介绍控制面板的组合方法。

(4) 接上例。确认【色板】面板显示在工作区中，将鼠标指针移动到【色板】面板的选项卡上，按下鼠标左键不放并拖动【色板】选项卡到【图层】面板上，其状态如图 1-16 所示。

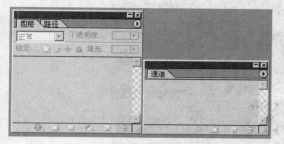

图1-15 拆分后的【通道】控制面板

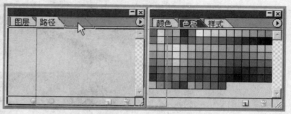

图1-16 拖动组合控制面板状态

(5) 拖动【色板】选项卡到【路径】选项卡右侧位置后释放鼠标左键，完成控制面板的组合，拆分与组合后的控制面板形态如图 1-17 所示。

(6) 选择菜单栏中的【窗口】/【工作区】/【存储工作区】命令，弹出如图 1-18 所示的【存储工作区】对话框。

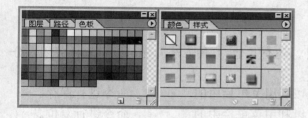

图1-17 拆分与组合后的控制面板形态

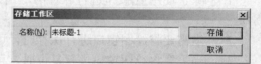

图1-18 【存储工作区】对话框

(7) 单击 存储 按钮，将当前工作区状态进行存储。

 案例小结

Photoshop CS 可以对所有的控制面板进行任意地拆分和组合，并可以将调整后的控制面板组合状态和当前的工作区形态进行存储。当需要再次使用调整后的控制面板状态时，只要选择菜单栏中【窗口】/【工作区】下存储的工作区名称即可。

> 要点提示 在工作区中将各控制面板的位置进行组合调整后，如又想将其恢复为默认的状态，可选择菜单栏中的【窗口】/【工作区】/【复位调板位置】命令，即可使控制面板恢复到默认状态。

1.3 实训练习——按照要求重新布局工作界面

根据对本章内容的学习，读者自己动手把图像文件窗口及控制面板设置成如图 1-19 所示的状态。

图1-19 设置的界面窗口及控制面板

操作与练习

一、填空题

1. 除了使用 ⊠ 按钮进行软件的退出外，还有其他 3 种方法同样可以将软件关闭，分别是_____、_____及_____。

2. 当需要将绘图窗口进行保存时，可以利用菜单栏中的_____命令进行保存。

3. 当需要将绘图窗口进行复位时，可以利用菜单栏中的_____命令进行复位。

4. 将鼠标指针放置在_____栏的蓝色区域内双击，即可将窗口在最大化和还原状态之间切换。

5. 在【窗口】菜单命令中，部分命令选项的左侧显示有"✔"符号，表示此控制面板或属性栏目前在 Photoshop 工作区中是_____状态；其左侧没有显示"✔"符号的部分命令，表示是_____状态。

6. 按键盘中的_____键可以将工具箱、属性栏和控制面板同时显示或隐藏。

二、选择题

1. 按（　　），可以将 Photoshop 关闭，甚至可以将计算机关闭。

A. Ctrl+W 组合键 　　　　　　　B. Alt+F4 组合键

C. Ctrl+Q 组合键 　　　　　　　D. Shift+Ctrl+W 组合键

2. 在软件窗口的标题栏右侧有 3 个按钮，▬ 表示（　　），🗗 表示（　　），⊠ 表示（　　）。

A. 关闭窗口按钮 　　　　　　　B. 还原窗口按钮

C. 最小化窗口按钮 　　　　　　D. 最大化窗口按钮

三、操作题

1. 根据 1.2.1 小节介绍的知识点练习 Photoshop CS 窗口大小的调整方法。

2. 根据 1.2.3 小节介绍的知识点练习控制面板的拆分与组合方法。

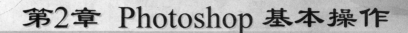

第2章 Photoshop 基本操作

本章将介绍图像文件的基本操作，包括图像文件的新建、打开、存储及颜色设置，图像的缩放显示以及输入与输出等。在相应的案例小节中，还将介绍图形图像概念的基本知识，包括文件存储格式、图像色彩模式、矢量图与位图、像素与分辨率等，这些知识点都是学习 Photoshop 最基本、最重要的内容，希望读者能够熟练掌握。

- 学会图像文件的新建、打开与存储等基本操作。
- 学会图像文件的颜色设置及填充方法。
- 学会图像的缩放显示。
- 学会图像的输入与输出。

2.1 图像文件的基本操作

命令简介

- 【文件】/【新建】命令：用于创建一个新的图像文件。
- 【文件】/【打开】命令：用于打开一个已经存储的图像文件。
- 【文件】/【存储】命令：将当前编辑的图像文件进行保存。
- 【文件】/【存储为】命令：将当前新建的图像文件编辑后进行保存，或将已经保存的图像文件重新编辑、重命名后进行保存。

2.1.1 新建文件

【例2-1】 创建新文件。

本案例利用【文件】/【新建】命令，创建一个【名称】为"新建文件练习"，【宽度】为"25 厘米"，【高度】为"20 厘米"，【分辨率】为"72 像素/英寸"，【颜色模式】为"RGB 颜色"、"8 位"，【背景内容】为"白色"的新文件，介绍新建文件的基本操作。创建的新文件如图 2-1 所示。

要点提示　为了使读者能够更为清楚地了解新建文件的结构，在图 2-1 中直接将标尺显示出来，以便能够了解新建文件的大小尺寸，而在系统默认状态下新建的文件中是没有设置标尺的。只有当软件正常使用时，对文件设置显示标尺后关闭该文件，再重新创建文件时标尺就会直接在文件中出现。

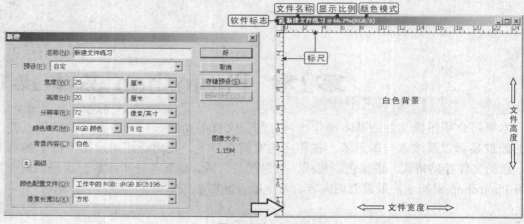

图2-1 创建的新文件

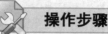 **操作步骤**

(1) 选择菜单栏中的【文件】/【新建】命令，弹出如图 2-2 所示的【新建】对话框。单击【高级】选项左侧的⊗按钮，对话框将增加高级选项的显示。

 要点提示 弹出【新建】对话框的方法有 3 种：（1）选择菜单栏中的【文件】/【新建】命令；（2）按键盘中的 Ctrl + N 组合键；（3）按住键盘中的 Ctrl 键，在工作区中双击鼠标左键。

(2) 将鼠标指针放置在【名称】选项右侧的文本框中，自文字的右侧向左侧拖曳，将文字反白显示，然后任选一种文字输入法，输入"新建文件练习"文字。

(3) 单击【宽度】选项最右侧下拉列表框的▼按钮，在弹出的下拉列表中选择【厘米】选项，然后将【宽度】和【高度】选项右侧文本框中的数字依次设置为反白显示状态，并分别输入数字"25"和"20"。

(4) 单击【颜色模式】选项右侧下拉列表框的▼按钮，在弹出的下拉列表中选择"RGB 颜色"选项，设置各选项及参数后的【新建】对话框如图 2-3 所示。

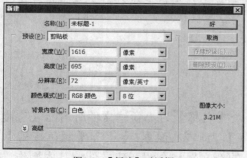

图2-2 【新建】对话框

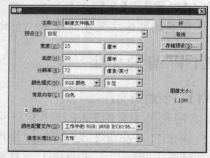

图2-3 设置各选项及参数后的【新建】对话框

(5) 参数设置完成后，单击 好 按钮，即可按照设置的选项及参数创建一个新的文件。

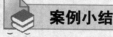 **案例小结**

一、【新建】对话框

在【新建】对话框中可以对文件进行名称、尺寸、颜色模式以及背景色的设置。下面详细介绍【新建】对话框中各选项及参数的功能。

- 【名称】选项：在此文本框中可以输入新建文件的名称，默认情况下名称为"未标题-1"。
- 【预设】选项：在该文本框中可以选择系统默认的文件尺寸，如"A4"、"B5"等。当自行设置文件的尺寸时，其选项将自动变为【自定】选项。
- 【宽度】和【高度】选项：主要用于设置新建文件的宽度和高度尺寸。在其右侧可以自行设置所使用的单位，其中包括"像素"、"英寸"、"厘米"、"毫米"、"点"、"派卡"、"列"等。
- 【分辨率】选项：用于设置新建文件的分辨率，其单位有"像素/英寸"和"像素/厘米"。
- 【颜色模式】选项：用于设置新建文件所使用的颜色模式，其中包括"位图"、"灰度"、"RGB 颜色"、"CMYK 颜色"和"Lab 颜色"5 个选项，其中经常使用的是 RGB 颜色模式和 CMYK 颜色模式。
- 【背景内容】选项：用于设置新建文件的背景颜色。选择【白色】选项，将创建白色背景的文件；选择【背景色】选项，将创建与当前工具箱中背景色相同颜色的文件；选择【透明】选项，将创建透明背景的文件。
- 【颜色配置文件】选项：在该下拉列表中可以选择新建文件的色彩配置。
- 【像素长宽比】选项：在该下拉列表中可以选择像素的长宽比例。
- 存储预设(S)... 按钮：当有自定的文件尺寸或选项后，此按钮才可用。单击此按钮，可将自定义的文件尺寸或选项设置以预设文件保存到【预设】选项的下拉列表中。
- 删除预设(D)... 按钮：当设置了预设文件后，此按钮才可用。单击此按钮，可将当前选择的预设文件从【预设】选项窗口中删除。
- 【图像大小】选项：可根据左侧各参数及选项的设置自动生成图像文件量。

二、矢量图和位图

绘制的图形或处理的图像根据其存储方式的不同，可分为矢量图和位图两大类。

(1) 矢量图比较适用于编辑色彩较为单纯的色块或文字，如 Illustrator、PageMaker、FreeHand、CorelDRAW 等绘图软件创建的图形都是矢量图。

- 矢量图的含义：矢量图又称为向量图形，是由线条和图块组成的图形。当对矢量图进行缩放时，无论放大多少倍，图形仍保持原来的清晰度，且色彩不失真。
- 矢量图的性质：文件的大小与图形的大小无关，只与图像的复杂程度有关，因此，简单的图形所占的存储空间小。矢量图形可无级缩放，并且不会产生锯齿或模糊效果。在任何输出设备及打印机上，矢量图都能以打印机或印刷机的最高分辨率进行打印输出。

(2) 位图比较适合制作细腻、轻柔缥缈的特殊效果，Photoshop 生成的图像一般都是位图。

位图的含义及构成：位图也叫栅格图像，是由很多个色块（像素）组成的图像。位图的每个像素点都含有位置和颜色信息。

一幅位图图像是由成千上万个像素点组成的，图 2-4 所示的左边是原图，右边是用放大镜工具放大后所看到的组成位图的像素点。

图2-4 位图图像与放大后的显示效果

三、像素与分辨率

像素和分辨率是 Photoshop 中最常用的两个概念，对它们的设置决定了文件的大小及图像的质量。

- 像素：像素（Pixel）是构成图像的最小单位，位图中的一个色块就是一个像素，且一个像素只显示一种颜色。
- 分辨：分辨率（Resolution）是指单位面积内图像所包含像素的数目，通常用"像素/英寸"和"像素/厘米"表示。

分辨率的高低直接影响图像的效果，使用太低的分辨率会导致图像粗糙，在排版打印时图片会变得非常模糊；而使用较高的分辨率则会增加文件的大小，并降低图像的打印速度。

 要点提示 修改图像的分辨率可以改变图像的精细程度。对以较低分辨率扫描或创建的图像，在 Photoshop 中提高图像的分辨率只能提高每单位图像中的像素数量，却不能提高图像的品质。

四、图像尺寸

图像文件的大小以千字节（KB）和兆字节（MB）为单位，它们之间的大小换算为"1024KB=1MB"。

图像文件的大小是由文件的宽度、高度和分辨率决定的，图像文件的宽度、高度和分辨率数值越大，图像文件也就越大。在 Photoshop 中，图像文件大小的设定如图 2-5 所示。

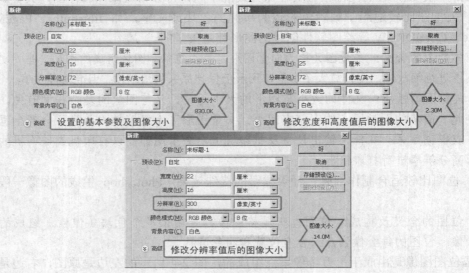

图2-5 位图图像的大小设置

当图像的宽度、高度及分辨率无法符合设计要求时，可以通过改变宽度、高度及分辨率的分配来重新设置图像的大小。当图像文件大小是定值时，其宽度、高度与分辨率成反比设置，如图 2-6 所示。

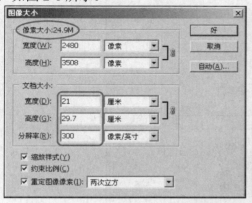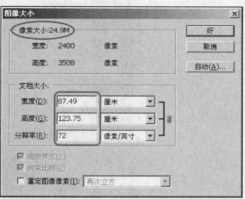

图2-6　修改的图像尺寸及分辨率

印刷输出的图像分辨率一般为"300 像素/英寸"。在实际工作中，设计人员经常会遇到文件尺寸较大但分辨率太低的情况，此时可以根据图像文件大小是定值，其宽度、高度与分辨率成反比设置的性质，来重新设置图像的分辨率，将宽度、高度降低，提高分辨率，这样就不会影响图像的印刷质量了。

> **要点提示**　在改变位图图像的大小时应该注意，当图像由大变小时，其印刷质量不会降低。但当图像由小变大时，其印刷品质将会下降。

2.1.2　打开文件

【例2-2】　打开文件操作。

利用菜单栏中的【文件】/【打开】命令，在 Photoshop CS 中打开软件自带的一幅名为"鱼.psd"的图像。

 操作步骤

(1)　选择菜单栏中的【文件】/【打开】命令，将弹出【打开】对话框。

> **要点提示**　弹出【打开】对话框的方法有 3 种：①选择菜单栏中的【文件】/【打开】命令；②按键盘中的 Ctrl+O 组合键；③在工作区中双击鼠标左键。

(2)　单击【查找范围】下拉列表框或▼按钮，在弹出的下拉列表中选择 Photoshop CS 安装的盘符。

(3)　在相应盘符的文件夹或文件列表中依次双击"Program Files/Adobe/Photoshop CS/样本"文件夹。

(4)　在打开的【样本】文件夹中，选择名为"鱼.psd"的图像文件，此时的【打开】对话框如图 2-7 所示。

(5)　单击 打开(O) 按钮，即可将选择的图像文件在工作区中打开。

图2-7　【打开】对话框

 案例小结

　　本案例主要介绍了图像文件的打开方法，如想打开某一图像文件，首先要确定该文件确实保存在当前计算机中，并且还要知道该文件名称以及文件保存的路径，这样才能顺利地将其打开。另外，在【打开】对话框中，按住 Ctrl 键或 Shift 键可以同时选择多个需要打开的图像文件并将其打开。

　　在【打开】对话框中有几个选项和按钮需要读者注意，下面进行详细介绍。

- 【查找范围】选项：单击【查找范围】下拉列表框或▾按钮，可在弹出的下拉列表中搜寻要打开图像文件的路径。
- 【转到访问的上一个文件夹】按钮⇦：单击此按钮，可以回到上一次访问的文件夹。如果刚执行【打开】命令还没有访问过任何文件夹，此按钮则不可用。
- 【向上一级】按钮🗀：单击此按钮，可以按照搜寻过的文件路径依次返回到上一次访问的文件夹中。当【查找范围】中显示为"桌面"选项时，此按钮则不可用。
- 【创建新文件夹】按钮🗀：单击此按钮，可在当前目录下新建一个文件夹。
- 【"查看"菜单】按钮▦▾：单击此按钮，可以设置文件或文件夹在对话框选项窗口中的显示状态，包括"缩略图"、"平铺"、"列表"、"图标"、"详细信息"等。
- 【收藏夹】按钮🔖：可以将经常浏览的目录保存在列表中，以后需要时可直接调用。单击此按钮，可执行【添加到收藏夹】和【移去收藏夹】命令。
- 【文件名】选项：用于显示当前选择图像的文件名称。
- 【文件类型】选项：用于设置 Photoshop 可以打开的文件类型，主要包括"*.psd"、"*.bmp"、"*.gif"、"*.eps"、"*.jpg"、"*.ai"、"*.tif"等格式。
- 【文件大小】选项：其右侧的数值为当前选择文件的大小。

2.1.3　存储文件

下面来介绍文件的存储。

【例2-3】　读者自己动手处理一幅图像，然后将其保存。

一、直接保存图像

当在新建的文件中绘制完一幅图像后，就可以直接将其保存，具体操作如下。

 操作步骤

(1)　选择菜单栏中的【文件】/【存储】命令，弹出【存储为】对话框。

(2)　单击【保存在】下拉列表框或 ▼ 按钮，在弹出的下拉列表中选择 💾 本地磁盘 (D:) 保存，然后单击【新建文件夹】按钮 📁 创建一个新文件夹，如图 2-8 所示。

(3)　在创建的新文件夹中输入"卡通文件"作为文件夹名称。

(4)　双击刚创建的"卡通文件"文件夹，将其打开，然后在【文件名】文本框中输入"卡通图片"，如图 2-9 所示。

图2-8　创建的新文件夹

图2-9　给文件起名

(5)　输入文件名称后，单击 保存(S) 按钮，就可以保存绘制完成的文件，以后按照保存的文件名称及路径就可以打开此文件。

二、另一种存储图像的方法

 操作步骤

(1)　选择菜单栏中的【文件】/【打开】命令，在弹出的【打开】对话框中打开 Photoshop CS 自带的"鲜花.psd"文件，打开的图像与打开图像后的【图层】面板形态如图 2-10 所示。

图2-10　打开的图像与【图层】面板

(2) 将鼠标指针放置在【图层】面板中如图 2-11 所示的图层上。

(3) 按下鼠标左键，并拖动该图层至如图 2-12 所示的【删除图层】按钮上。

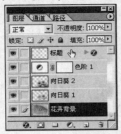

图2-11　鼠标指针放置的位置

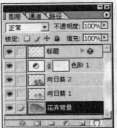

图2-12　删除图层状态

(4) 释放鼠标左键，删除图层后的图像效果如图 2-13 所示。

(5) 选择菜单栏中的【文件】/【存储为】命令，弹出【存储为】对话框，在【文件名】文本框中输入"鲜花修改"作为文件名，如图 2-14 所示。

图2-13　删除图层后的图像效果

图2-14　【存储为】对话框

(6) 输入文件名称后，单击 保存(S) 按钮，就保存了修改后的图像。

案例小结

文件的保存命令主要包括【存储】和【存储为】两种方式。对于新建的文件进行编辑后保存，使用【存储】和【存储为】命令性质是一样的，都是为当前文件命名并进行保存。但对于打开的文件进行编辑后再保存，就要分清用【存储】命令还是【存储为】命令，【存储】命令是将文件以原文件名进行保存，而【存储为】命令是将修改后的文件重命名后进行保存。

在文件存储时，需要设置文件的存储格式，Photoshop 支持多种图像文件格式，下面介绍几种常用的文件格式，以满足读者对图像进行编辑、保存和转换的需要。

- PSD 格式："PSD 格式"是 Photoshop 的专用格式，它能保存图像数据的每一个细节，可以存储为 RGB 或 CMYK 颜色模式，也能对自定义颜色数据进行存储。它还可以保存图像中各图层的效果和相互关系，各图层之间相互独立，便于对单独的图层进行修改和制作各种特效。其唯一的缺点是存储的图像文件特别大。

- BMP 格式："BMP 格式"也是 Photoshop 最常用的点阵图格式之一，支持多种 Windows 和 OS/2 应用程序软件，支持 RGB、索引颜色、灰度和位图颜色模式的图像，但不支持 Alpha 通道。

- TIFF 格式："TIFF 格式"是最常用的图像文件格式，它既应用于 MAC，也应用于 PC。该格式文件以 RGB 全彩色模式存储，在 Photoshop 中可支持 24 个通道的存储，TIFF 格式是除了 Photoshop 自身格式外，唯一能存储多个通道的文件格式。

- EPS 格式："EPS 格式"是 Adobe 公司专门为存储矢量图形而设计的。用于在 PostScript 输出设备上打印，它可以使文件在各软件之间进行转换。

- JPEG 格式："JPEG 格式"是最卓越的压缩格式。虽然它是一种有损失的压缩格式，但是在图像文件压缩前，可以在文件压缩对话框中选择所需图像的最终质量，这样就有效地控制了 JPEG 在压缩时的数据损失量。JPEG 格式支持 CMYK、RGB 和灰度颜色模式的图像，不支持 Alpha 通道。

- GIF 格式："GIF 格式"的文件是 8 位图像文件，几乎所有的软件都支持该格式。它能存储成背景透明化的图像形式，所以这种格式的文件大多用于网络传输，并且可以将多张图像存储成一个档案，形成动画效果。但它最大的缺点是只能处理 256 种色彩的图像。

- AI 格式："AI"是一种矢量图形格式，在 Illustrator 中经常用到，它可以把 Photoshop 中的路径转化为"*.AI"格式，然后在 Illustrator、CorelDRAW 中将文件打开，并对其进行颜色和形状的调整。

- PNG 格式："PNG 格式"可以使用无损压缩方式压缩文件，支持带一个 Alpha 通道的 RGB 颜色模式、灰度模式及不带 Alpha 通道的位图、索引颜色模式。它产生的透明背景没有锯齿边缘，但一些较早版本的 Web 浏览器不支持 PNG 格式。

2.2 图像文件的颜色设置

本节将介绍图像文件的颜色设置。颜色设置的方法有 3 种，分别是在【颜色】面板中设置，在【色板】面板中设置，在【拾色器】对话框中设置，下面来详细介绍。

 命令简介

- 【窗口】/【颜色】命令：在 Photoshop 工作区中，显示或隐藏【颜色】面板。
- 【编辑】/【填充】命令：使用此命令可以在当前图像中填充颜色或图案。

2.2.1 颜色设置

分别利用【颜色】面板、【色板】面板和【拾色器】对话框进行颜色设置。

【例2-4】 在【颜色】面板中设置颜色。

操作步骤

(1) 选择菜单栏中的【窗口】/【颜色】命令，将【颜色】面板显示在工作区中，【颜色】面板如图 2-15 所示（如果该命令前面已经有 " " 符号，表示【颜色】面板已显示）。

要点提示 在【颜色】面板的左边位置有上下两个颜色块，上面的一个表示前景色，下面的一个表示背景色。当在画面中描绘颜色时，描绘到画面中的颜色是前景色。在前景色的周围显示有一个方框，当进行颜色调整时，调整的颜色是方框里面的颜色。

(2) 确认【颜色】面板中的前景色块处于具有方框的选择状态，利用鼠标任意拖动右侧【R】、【G】、【B】颜色滑块，即可改变前景的颜色。

(3) 用鼠标单击背景色块，显示在前景色周围的方框将显示在背景色的位置上，如图 2-16 所示。

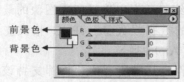

图2-15 【颜色】面板

图2-16 背景色为颜色设置状态

(4) 拖动【R】、【G】、【B】颜色滑块，就可以使用 RGB 颜色模式进行背景色的颜色设置。

(5) 在【颜色】面板的右上角单击 ▶ 按钮，在弹出的列表中选择【CMYK 滑块】选项，如图 2-17 所示。

(6) 【颜色】面板中的 RGB 颜色滑块即会变为 CMYK 颜色滑块，如图 2-18 所示。

图2-17 选择【CMYK 滑块】选项

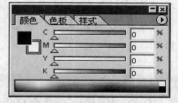

图2-18 CMYK 颜色面板

(7) 拖动【C】、【M】、【Y】、【K】颜色滑块，就可以用 CMYK 模式设置背景颜色。

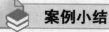 **案例小结**

颜色模式是指同一属性下不同颜色的集合，它使用户在使用各种颜色进行显示、印刷及打印时，不必重新调配颜色就可以直接进行转换和应用。计算机软件系统为用户提供的颜色模式主要有 RGB 颜色模式、CMYK 颜色模式、Lab 颜色模式和位图（Bitmap）模式、灰度（Grayscale）模式、索引颜色（Index）模式等。每一种颜色模式都有它的使用范围和特点，并且各颜色模式之间可以根据处理图像的需要进行转换。

- RGB（光色）模式：该模式的图像是由红（R）、绿（G）、蓝（B）3 种颜色构成的，大多数显示器均采用此种色彩模式。
- CMYK（4 色印刷）模式：该模式的图像是由青（C）、洋红（M）、黄（Y）、黑（K）4 种颜色构成，主要用于彩色印刷。在制作印刷用文件时，最好将其保存成 TIFF 格式或 EPS 格式，它们都是印刷厂支持的文件格式。
- Lab（标准色）模式：该模式是 Photoshop 的标准色彩模式，也是由 RGB 模式转换为 CMYK 模式的中间模式。它的特点是在使用不同的显示器或打印设备时，所显示的颜色都是相同的。

- Grayscale（灰度）模式：该模式的图像由具有 256 级灰度的黑白颜色构成。一幅灰度图像在转变成 CMYK 模式后可以增加色彩。如果将 CMYK 模式的彩色图像转变为灰度模式，则颜色不能再恢复。
- Bitmap（位图）模式：该模式的图像由黑白两色构成，图像不能使用编辑工具，只有灰度模式才能转变成 Bitmap 模式。
- Index（索引）模式：该模式又叫图像映射色彩模式，这种模式的像素只有 8 位，即图像只有 256 种颜色。

【例2-5】　在【色板】面板中设置颜色。

　操作步骤

(1) 在【颜色】面板中单击【色板】选项卡，显示【色板】面板。
(2) 将鼠标指针移动至【色板】面板中，鼠标指针变为如图 2-19 所示的吸管形状。
(3) 在【色板】面板中需要的颜色上单击鼠标左键，即可将前景色设置为选择的颜色。
(4) 按住键盘上的 Alt 键，在【色板】面板中需要的颜色上单击鼠标左键，即可将背景色设置为选择的颜色。

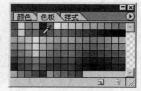

图2-19　鼠标变为吸管形状

案例小结

【色板】面板中的颜色是软件自带的、一些常用的标准颜色。根据实际工作需要，也可以将自己设置的颜色保存在【色板】面板中，其方法是：利用【颜色】面板中的滑块或者【拾色器】对话框设置前景色后，在【色板】面板下面没有颜色的灰色位置单击鼠标左键，即可将设置的颜色保存在【色板】面板中。

【例2-6】　在【拾色器】对话框中设置颜色。

在工具箱的下面同样有两个颜色块，前面的为前景色，后面的为背景色，如图 2-20 所示。

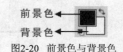

前景色
背景色

图2-20　前景色与背景色

　操作步骤

(1) 在前景色颜色块上单击鼠标左键，弹出如图 2-21 所示的【拾色器】对话框。
(2) 在【拾色器】对话框左侧的颜色显示预览窗口中单击，可以将单击位置的颜色设置为需要的颜色，如图 2-22 所示。

图2-21　【拾色器】对话框

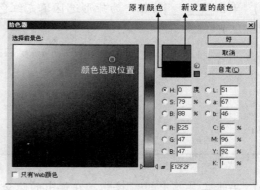

原有颜色　　新设置的颜色

颜色选取位置

图2-22　新设置的颜色

(3) 在【R】、【G】、【B】及【C】、【M】、【Y】、【K】颜色设置文本框中，分别输入需要颜色的参数值，同样可以得到所需的颜色。

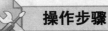
案例小结

以上介绍了 3 种颜色设置的方法，在进行颜色设置时，读者可以根据自己的喜好进行设置。无论使用哪种方法其最终所得到的颜色都是相同的。

2.2.2 颜色填充

前面介绍了颜色的不同设置方法，接下来介绍颜色的填充方法。关于颜色的填充，在 Photoshop CS 中有 3 种方法，即利用菜单命令进行填充，利用【油漆桶】工具进行填充，利用快捷键进行填充。

【例2-7】 分别利用菜单命令、工具箱和快捷键对新建的文件进行颜色填充。

操作步骤

(1) 选择菜单栏中的【文件】/【新建】命令，在弹出的【新建】对话框中设置其参数如图 2-23 所示，单击 好 按钮，创建一个新文件。

(2) 确认【色板】面板显示在工作区中，然后在【色板】面板中选择如图 2-24 所示的红颜色。

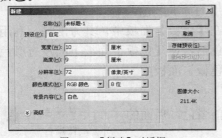

图2-23 【新建】对话框

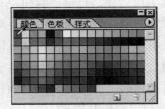

图2-24 选择红颜色

(3) 单击工具箱中的【矩形选框】工具 ，在新建文件中按下鼠标左键并拖曳，绘制一个矩形选区，如图 2-25 所示。

(4) 选择菜单栏中的【编辑】/【填充】命令，在弹出的【填充】对话框中设置其选项及参数，如图 2-26 所示。

(5) 单击 确定 按钮，为矩形选区填充红色后的效果如图 2-27 所示。

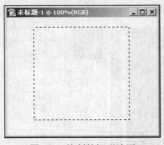

图2-25 绘制的矩形选区

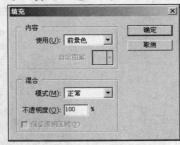

图2-26 【填充】对话框

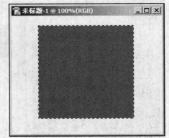

图2-27 填充红颜色后的效果

(6) 单击工具箱中的 按钮，在弹出的隐含工具按钮组中，选择如图 2-28 所示的【椭圆选框】工具。

(7) 利用 工具，在绘制的红色矩形内按下鼠标左键并拖曳，绘制出如图 2-29 所示的圆形选区。

(8) 在工具箱中的前景色与背景色位置单击 按钮，将背景色与前景色位置交换，交换后的前景色与背景色如图 2-30 所示。

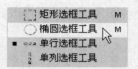

图2-28　选择椭圆选框工具

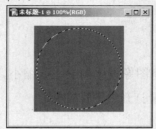

图2-29　绘制的圆形选区

图2-30　交换后的前景色与背景色

要点提示　按键盘上的 X 键，可以快速地将工具箱中的前景色与背景色交换位置。

(9) 单击工具箱中的 （【渐变】工具）按钮，在弹出的隐含工具按钮组中选择 （【油漆桶】工具）按钮。

(10) 将鼠标移动到圆形选区里面，鼠标指针则会变为油漆桶形态，如图 2-31 所示。

(11) 单击鼠标左键，给圆形选区填充白色，效果如图 2-32 所示。

(12) 单击工具箱中的【多边形套索】工具 ，在圆形中单击鼠标左键，绘制如图 2-33 所示的三角形选区。

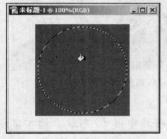

图2-31　鼠标指针变为油漆桶形态

图2-32　填充白色后的效果

图2-33　绘制的三角形选区

(13) 按 D 键，将工具箱中的前景色与背景色分别设置为黑色和白色。

(14) 按 Alt+Delete 组合键，将三角形选区填充为前景色（黑色），效果如图 2-34 所示。

(15) 单击 按钮，在绘制的黑色三角形里面按下鼠标左键并拖曳，绘制出如图 2-35 所示的圆形选区。

(16) 按 Ctrl+Delete 组合键，将圆形选区填充为背景色（白色），效果如图 2-36 所示。

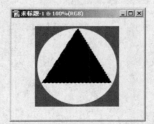

图2-34　填充黑色后的图形效果

图2-35　绘制的圆形选区

图2-36　填充白色后的图形效果

(17) 按 $\boxed{Ctrl}+\boxed{S}$ 组合键，将此文件命名为"填充练习.psd"进行保存。

 案例小结

　　本案例介绍了颜色填充的 3 种方法，最常用的快捷方法是利用快捷键进行填充，希望读者能够灵活掌握。

2.2.3　图像的缩放显示

　　【缩放】工具的主要作用是将图像成比例放大或缩小，以便于对图像进行编辑修改。

【例2-8】　利用【缩放】工具查看打开的图像文件。

操作步骤

(1) 选择菜单栏中的【文件】/【打开】命令，打开素材文件中名为"T2-01.jpg"的人物图片，如图 2-37 所示。

(2) 单击工具箱中的 🔍 按钮，在打开的图片中按下鼠标左键向右下角拖曳，将出现一个虚线形状的矩形框，如图 2-38 所示。

图2-37　打开的图片　　　　　　　　　　　　　　图2-38　拖曳鼠标状态

(3) 释放鼠标左键，放大后的画面形态如图 2-39 所示。

(4) 单击工具箱中的 ✋ 按钮，将鼠标指针移动到画面中，鼠标指针将变成 ✋ 形状，按下鼠标左键并拖曳，可以平移画面观察其他部分的图像，其平移图像窗口状态如图 2-40 所示。

 要点提示　利用 🔍 （缩放）工具将图像放大后，图像在窗口中将无法完全显示，此时可以利用 ✋（抓手）工具平移图像，对图像进行局部观察。【缩放】工具和【抓手】工具通常配合使用。

(5) 单击工具箱中的 🔍 按钮，将鼠标指针移动到画面中，按住 $\boxed{Alt}$ 键，鼠标指针变为 🔍 形状，单击鼠标左键可以将画面缩小显示，缩小后的画面如图 2-41 所示。

图2-39　放大后的画面形态　　　　　图2-40　平移图像窗口状态　　　　图2-41　缩小后的画面显示

案例小结

本案例主要介绍了【缩放】工具和【抓手】工具的基本使用方法，下面介绍它们各自属性栏的选项设置。

一、【缩放】工具 🔍 和【抓手】工具 ✋ 属性栏

🔍 工具和 ✋ 工具的属性栏基本相同，下面主要介绍【缩放】工具的属性栏，如图2-42所示。

| 🔍 ▾ | 🔍 🔍 | ☑调整窗口大小以满屏显示 | □忽略调板 | □缩放所有窗口 | 实际像素 | 满画布显示 | 打印尺寸 |

图2-42 【缩放】工具的属性栏

- 🔍（放大）按钮：在属性栏中单击此按钮，然后将鼠标指针移动到文件中单击，可放大显示图像，最大可以将图像放大至实际大小的1 600%。

- 🔍（缩小）按钮：在属性栏中单击此按钮，然后将鼠标指针移动到文件中单击，可缩小显示图像。

- 【调整窗口大小以满屏显示】选项：勾选此复选框，当对图像进行缩放时，软件会自动调整图像窗口的大小，使其与当前图像适配。

- 【忽略调板】选项：勾选此复选框，软件在调整图像窗口适配至屏幕时，忽略控制面板所占的位置，使图像窗口在除工具栏外的绘图窗口范围内尽可能地放大显示。

- 【缩放所有窗口】选项：勾选此复选框，在当前图像文件中进行操作，可影响工作区中显示的所有图像文件。

- 实际像素 按钮：单击此按钮，图像恢复原大小，以实际像素尺寸显示，即以100%比例显示。

- 满画布显示 按钮：单击此按钮，图像窗口根据绘图窗口中剩余空间的大小，自动调整图像窗口大小及图像的显示比例，使其在不与工具栏和控制面板重叠的情况下，尽可能地放大显示。

- 打印尺寸 按钮：单击此按钮，图像将显示打印尺寸。

二、🔍 工具和 ✋ 工具的快捷键

(1) 🔍 工具快捷键。

- 按 Ctrl + 组合键，可以放大显示图像。按 Ctrl + 组合键，可以缩小显示图像。按 Ctrl + O 组合键，可以将图像窗口内的图像自动适配至屏幕大小显示。

- 双击工具栏中的 🔍 工具，可以将图像窗口中的图像以实际像素尺寸显示，即以100%比例显示。

- 按住 Alt 键，可以将当前的放大显示工具切换为缩小显示工具。

- 按住 Ctrl 键，可以将当前的【缩放】工具切换为 ⊕（移动）工具，松开 Ctrl 键后，即恢复到【缩放】工具。

(2) ✋ 工具快捷键。

- 双击 ✋ 工具，可以将图像适配至屏幕大小显示。

- 按住键盘上的 Ctrl 键，在图像窗口中单击，可以对图像进行放大显示。按住 Alt 键，在图像窗口中单击，可以对图像进行缩小显示。

- 无论当前哪个工具按钮处于被选择状态，按住空格键，都可以将当前工具切换为【抓手】工具。

2.3 图像的输入与输出

 命令简介

- 【文件】/【导入】/【TWAIN-32】命令：进入所选择的扫描仪参数设置对话框，进行图片扫描参数设置和扫描命令的执行。
- 【图像】/【图像大小】命令：对图像进行像素尺寸以及打印尺寸的设置和调整。
- 【文件】/【打印】命令：进入打印机参数设置对话框，进行图片打印参数设置和打印命令的执行。

2.3.1 图像输入

【例2-9】 使用扫描仪扫描如图 2-43 所示的图片。

图2-43 要扫描的图片

 操作步骤

(1) 启动 Photoshop CS，然后打开扫描仪电源开关。

(2) 将准备好的图片放入扫描仪的玻璃板上。

(3) 在 Photoshop CS 中，选择菜单栏中的【文件】/【导入】/【TWAIN-32】命令，将弹出如图 2-44 所示的扫描参数设置对话框。

 要点提示 只有在计算机安装了扫描仪驱动程序后，此命令才可以执行。由于计算机所连接的扫描仪不同，安装驱动程序后此处所显示的命令也会有所不同。另外，在【预览窗口】中看到的图像是上一次使用扫描仪时保留下来的图像。

(4) 在【预览窗口】中单击 预览 按钮，放入扫描仪中的图像就会显示在该窗口中，如图 2-45 所示。

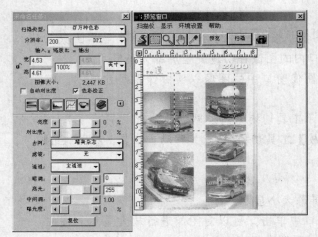

图2-44 扫描参数设置对话框

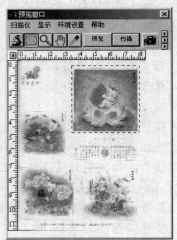

图2-45 【预览窗口】中显示的扫描图像

(5) 在扫描参数设置窗口中，各项参数设置如图 2-46 所示。

在扫描参数设置窗口中，根据原图像的质量以及不同的印刷要求，可以分别设置和调整扫描分辨率、图像尺寸、色彩、亮度、对比度、去网纹、添加滤镜效果等参数。

(6) 在【预览窗口】中单击 🔍 按钮将图像放大显示，然后选择所要扫描的图像部分，如图 2-47 所示。

(7) 在【预览窗口】中单击 扫描 按钮执行【扫描】命令，扫描完成后的图像将显示在 Photoshop CS 窗口中。

(8) 在【预览窗口】中单击 ☒ 按钮退出扫描参数设置对话框，扫描完成的图像如图 2-48 所示。

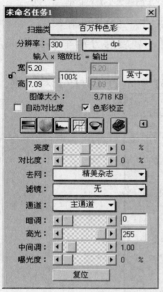

图2-46 各项参数设置

图2-47 选择扫描的图像部分

图2-48 扫描完成的图像

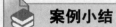 **案例小结**

本案例介绍了图像的扫描方法。由于目前市场上扫描仪的种类、型号众多，每一种扫描仪所安装的驱动程序也有所不同，可能与书中所介绍的扫描仪的对话框界面略有差别，但其基本功能和使用方法都是相同的，希望读者能够灵活掌握。

2.3.2 图像输出

【例2-10】使用打印机打印素材文件中名为"T2-02.jpg"的图片文件。

操作步骤

(1) 打开打印机电源开关，确认打印机处于联机状态，在放纸夹中放一张 A4（210mm×297mm）尺寸的普通打印纸。

(2) 启动 Photoshop CS，然后选择菜单栏中的【文件】/【打开】命令，打开素材文件中名为"T2-02.jpg"的图片，如图 2-49 所示。

(3) 选择菜单栏中的【图像】/【图像大小】命令，在弹出的【图像大小】对话框中设置其参数如图 2-50 所示，然后单击 好 按钮。

图2-49 打开的图片

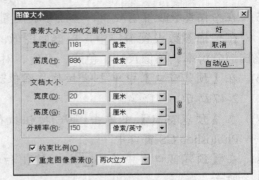

图2-50 【图像大小】对话框

在【图像大小】对话框中，可以为将要打印的图像设置尺寸、分辨率等参数。当将【重定图像像素】复选框的勾选状态取消之后，打印尺寸的宽度、高度与分辨率参数将成反比例设置。

(4) 选择菜单栏中的【文件】/【打印预览】命令，弹出如图 2-51 所示的【打印】对话框。

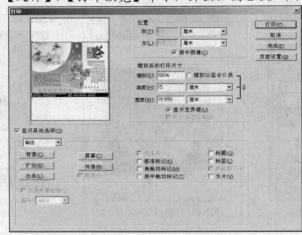

图2-51 【打印】对话框

(5) 单击 页面设置(G)... 按钮，弹出如图 2-52 所示的【页面设置】对话框。在【纸张】栏的【大小】选项中，可以设置所需要的纸张尺寸。

(6) 在【页面设置】对话框中设置纸张尺寸后，单击 打印机(P)... 按钮，弹出如图 2-53 所示的【页面设置】对话框。

图2-52 【页面设置】对话框

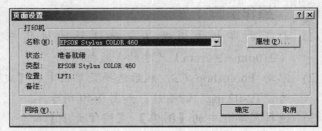

图2-53 【页面设置】对话框

如果计算机中安装了多种打印机的驱动程序，可以在【名称】选项中，选择目前连接到计算机上的打印机驱动程序进行打印设置。

(7) 单击 属性(P)... 按钮，弹出如图 2-54 所示的打印机属性设置【主窗口】选项卡。

(8) 在【主窗口】选项卡中设置完各选项后，单击【打印纸】选项卡，将其参数设置为如图 2-55 所示的内容。

在【打印纸】选项卡中的【纸张尺寸】下拉列表中，可以选择所需要的纸张尺寸。在【可打印区域】栏中勾选【居中】复选框，以确保所打印的画面在打印纸中不会偏移。根据当前设置的版面方向，在【方向】栏中可以设置纵向或横向打印。

(9) 单击【版面】选项卡，将其参数设置为如图 2-56 所示的内容。

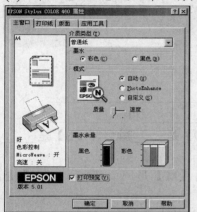
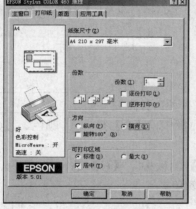

图2-54 【主窗口】选项卡   图2-55 【打印纸】选项卡   图2-56 【版面】选项卡

在【版面】选项卡中，可以将图像缩放方式设置为【标准】、【充满】或【自定义】。如果打印的是矢量图形，还可以设置多页顺序以及海报类型。

(10) 各项参数设置完成后，分别单击 确定 按钮和 打印(P)... 按钮，弹出【打印预览】窗口。

(11) 在【打印预览】窗口中检查画面，如果没有出现错误，单击 打印 按钮即可完成 "T2-02.jpg" 图片的打印。

 案例小结

本案例介绍了图像的打印方法。由于目前市场上打印机的种类、型号众多，每一种打印机所打印输出的图像质量各不相同，其所安装的驱动程序也有所不同，可能与书中所介绍的打印机的对话框界面略有差别，但其基本功能和使用方法还是相同的，希望读者能够灵活掌握。

2.4 实训练习

通过本章案例的学习，读者自己动手进行以下实训练习。

2.4.1 新建文件填充图案后保存

新建【名称】为"图案"，【宽度】为"25"厘米，【高度】为"20"厘米，【分辨率】

为"72"像素/英寸，【颜色模式】为"RGB 颜色"、"8"位，【背景内容】为"白色"的文件。然后为其填充【填充】对话框中的"木质"图案，再将其保存在"D 盘"的"作品"文件夹中。

2.4.2　打开文件修改后另存

打开上一节保存的"图案.psd"文件，然后为其填充【填充】对话框中"自然图案"里的"蓝色雏菊"图案，再将其另命名为"图案修改.psd"保存。

操作与练习

一、填空题

1. 新建文件的方法有 3 种，分别是_____、_____和_____。
2. 打开文件的方法有 3 种，分别是_____、_____和_____。
3. 在 RGB【颜色】面板中，【R】是_____颜色、【G】是_____颜色、【B】是_____颜色。
4. 在 CMYK【颜色】面板中，【C】是_____颜色、【M】是_____颜色、【Y】是_____颜色、【K】是_____颜色。
5. 图像文件的大小以_____和_____为单位，它们之间的大小换算单位为_____。
6. 按键盘中的 D 键，可以将前景色和背景色分别设置为系统默认的_____和_____；按键盘中的_____键，可以将当前工具箱中的前景色与背景色互换。

二、选择题

1. 按住（　　）键，在【色板】面板的颜色中单击鼠标左键，可以设置工具箱中的背景色颜色。

A. Alt　　　　　　　B. Ctrl　　　　　　　C. Shift　　　　　　　D. Alt+Ctrl

2. CMYK 颜色模式是一种（　　）。

A. 屏幕显示模式　　　B. 光色显示模式　　　C. 印刷模式　　　　　D. 油墨模式

3. RGB 颜色模式是一种（　　）。

A. 屏幕显示模式　　　B. 光色显示模式　　　C. 印刷模式　　　　　D. 油墨模式

4. 向画面中快速填充前景色的快捷键是（　　）。

A. Alt+Delete　　　　B. Ctrl+Delete　　　　C. Shift+Delete

5. 向画面中快速填充背景色的快捷键是（　　）。

A. Alt+Delete　　　　B. Ctrl+Delete　　　　C. Shift+Delete

三、问答题

1. 简述【存储】与【存储为】命令的区别。
2. 简述什么是色彩模式。
3. 简述像素与分辨率的概念。
4. 简述矢量图与位图的性质。

第3章 选区和【移动】工具应用

在利用 Photoshop 处理图像时，经常会遇到需要处理局部图像的情况，此时运用选区选定图像的某个区域再进行操作是一个很好的方法。Photoshop 提供的选区工具有很多种，利用它们可以按照不同的形式来选定图像的局部区域进行调整或添加效果，这样就可以有针对性地进行图像编辑了。本章主要介绍选区和【移动】工具的使用方法。

学习目标

- 学会【矩形选框】工具、【椭圆选框】工具和【魔棒】工具的使用方法。
- 学会【套索】工具、【多边形套索】工具和【磁性套索】工具的使用方法。
- 学习利用【窗口】菜单命令切换图像文件的方法。
- 学会【复制】和【粘贴】命令的运用。
- 学会【选择】菜单命令的灵活运用。
- 学会利用【移动】工具移动和复制图像的方法。
- 学会图像的变形操作。

3.1 选区工具应用

Photoshop 提供了很多创建选区的工具，最简单的是【矩形选框】工具和【椭圆选框】工具，此外还包括【套索】工具、【多边形套索】工具和【磁性套索】工具，还有根据颜色的差别来添加选区的【魔棒】工具。

命令简介

- 【矩形选框】工具：利用此工具可以在图像中建立矩形或正方形选区。
- 【椭圆选框】工具：利用此工具可以在图像中建立椭圆形或圆形选区。
- 【套索】工具：利用此工具可以在图像中按照鼠标拖曳的轨迹绘制选区。
- 【多边形套索】工具：利用此工具可以通过鼠标连续单击的轨迹自动生成选区。
- 【磁性套索】工具：利用此工具可以在图像中根据颜色的差别自动勾画出选区。
- 【魔棒】工具：利用此工具在要选择的图像上单击，可以在与鼠标单击处颜色相近的位置添加选区。
- 【选择】/【取消选择】命令：可以将当前的选区去除，快捷键为 Ctrl+D。
- 【选择】/【修改】命令：可以对创建的选区进行扩边、平滑、扩展、收缩等修改。

- 【编辑】/【自由变换】命令：可以对当前图层或选区内的图像进行缩放、旋转等变换操作，快捷键为 $\boxed{\text{Ctrl}}+\boxed{\text{T}}$。

- 【编辑】/【拷贝】命令：可以将当前图层或选区中的图像复制到 Photoshop CS 的剪贴板中，此时原图像文件不会遭到破坏。快捷键为 $\boxed{\text{Ctrl}}+\boxed{\text{C}}$。

- 【编辑】/【粘贴】命令：可以将 Photoshop CS 剪贴板中的图像粘贴到当前文件中，此时【图层】面板中会自动生成一个新的图层。快捷键为 $\boxed{\text{Ctrl}}+\boxed{\text{V}}$。

3.1.1 【矩形选框】、【椭圆选框】工具与【魔棒】工具的应用

【例3-1】 利用工具箱中的 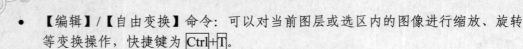 工具、工具和工具，绘制如图 3-1 所示的太阳标志图形。

 操作步骤

(1) 选择菜单栏中的【文件】/【新建】命令，弹出【新建】对话框，在【预设】下拉列表中选择如图 3-2 所示的选项。此时的【新建】对话框中的选项及参数设置如图 3-3 所示。

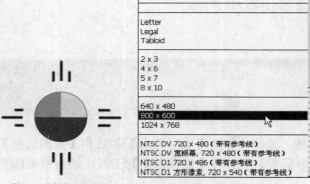

图3-1 绘制的太阳标志   图3-2 选择的选项   图3-3 【新建】对话框

(2) 单击 好 按钮，创建一个新文件。

(3) 单击工具箱中的 按钮，然后设置属性栏中的选项，如图 3-4 所示。

图3-4 【矩形选框】工具的属性栏设置

(4) 将鼠标指针移动到新建文件中，在图 3-5 所示的位置单击，创建带有羽化性质的矩形选区。

(5) 按 $\boxed{\text{D}}$ 键，将工具箱中的前景色和背景色分别设置为黑色和白色，然后按两次 $\boxed{\text{Alt}}+\boxed{\text{Delete}}$ 组合键，将设置的黑色填充到选区中，如图 3-6 所示。

 要点提示 此处按两次 $\boxed{\text{Alt}}+\boxed{\text{Delete}}$ 组合键，是为了让填充的颜色加深，否则填充的颜色比较浅。

(6) 在属性栏中设置 高度：440 像素 选项，然后将鼠标指针移动至如图 3-7 所示的位置单击，再添加一个选区。

图3-5 鼠标指针单击的位置

图3-6 选区填充黑色后的效果

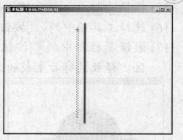
图3-7 鼠标指针单击的位置

(7) 按两次 $\boxed{Alt}$+$\boxed{Delete}$ 组合键，为选区填充黑色，然后在第一次创建选区的右侧再添加一个选区，并为其填充黑色，效果如图 3-8 所示。

(8) 在属性栏中设置 宽度：500像素 高度：5像素 选项，然后在如图 3-9 所示的位置创建选区。

(9) 在属性栏中设置 宽度：440像素 选项，然后单击 按钮，依次在创建选区的上方和下方添加如图 3-10 所示的选区。

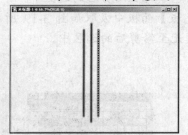
图3-8 选区填充黑色后的效果

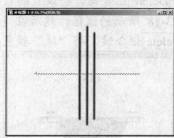
图3-9 创建的选区

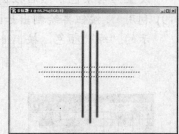
图3-10 添加的选区

(10) 按两次 $\boxed{Alt}$+$\boxed{Delete}$ 组合键，为选区填充黑色，然后单击属性栏中的 按钮，并设置 样式：正常 选项。

(11) 将鼠标指针移动到画面的白色区域中单击，取消选区，此时的图形形态如图 3-11 所示。

(12) 在工具箱中的 按钮上单击鼠标右键，在弹出的隐藏工具按钮组中选择【椭圆选框】工具 。

(13) 将鼠标指针移动到两条长线形相交的交点位置，按住 $\boxed{Shift}$+$\boxed{Alt}$ 组合键并拖曳，绘制出如图 3-12 所示的以鼠标单击处为中心的圆形选区。

要点提示
利用 工具绘制选区时，按住 $\boxed{Shift}$ 键可以绘制圆形选区；按住 $\boxed{Shift}$+$\boxed{Alt}$ 组合键，可以绘制以鼠标单击处为圆心的圆形选区。

(14) 将鼠标指针移动到【色板】面板中，在如图 3-13 所示的"红"颜色上单击，将此颜色设置为前景色。

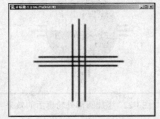
图3-11 绘制的图形形态

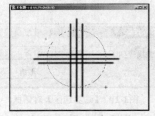
图3-12 绘制的圆形选区

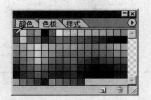
图3-13 鼠标指针吸取的"红"颜色

(15) 按 Alt+Delete 组合键，将设置的前景色填充到圆形选区中，如图 3-14 所示。

(16) 选择工具箱中的 ⬚ 按钮，然后设置属性栏中的 羽化:0像素 选项。

(17) 激活属性栏中的 ⬚ 按钮，将鼠标指针移动到画面中，绘制出如图 3-15 所示的矩形选区，释放鼠标后生成的选区形态如图 3-16 所示。

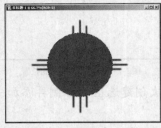  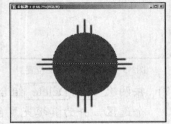

图3-14 填充颜色后的效果　　　　图3-15 绘制的矩形选区　　　　图3-16 圆形选区修剪后的形态

(18) 将鼠标指针移动到【色板】面板中，在如图 3-17 所示的"黄"颜色上单击，将此颜色设置为前景色。然后按 Alt+Delete 组合键，将设置的前景色填充至修剪后的选区中。

(19) 利用 ⬚ 按钮再绘制出如图 3-18 所示的选区，然后在【色板】面板中吸取如图 3-19 所示的"绿"颜色。按 Alt+Delete 组合键，将"绿"颜色填充至修剪后的选区中。

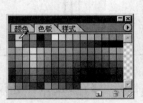 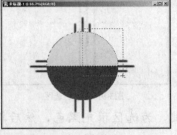 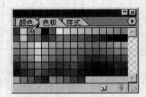

图3-17 鼠标指针吸取的"黄"颜色　　　图3-18 绘制的选区　　　图3-19 鼠标指针吸取的"绿"颜色

(20) 单击工具箱中的 ⬚ 按钮，并激活属性栏中的 ⬚ 按钮，然后将鼠标指针移动到如图 3-20 所示的黄颜色块上单击，添加选区。

(21) 将鼠标指针再移动到下方的红色色块上单击，创建出圆形的选区。然后选择菜单栏中的【选择】/【修改】/【边界】命令，在弹出的【边界选区】对话框中设置参数如图 3-21 所示。

(22) 单击 好 按钮，然后按 D 键，将工具箱中的前景色和背景色分别设置为默认的黑色和白色。

(23) 按 Alt+Delete 组合键，将设置前景色填充至修改后的选区中。选择菜单栏中的【选择】/【取消选择】命令取消选区，此时的画面效果如图 3-22 所示。

 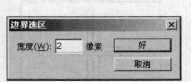 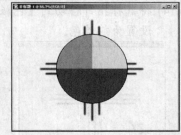

图3-20 添加选区时的状态　　　　图3-21 【边界选区】对话框　　　　图3-22 添加圆形外轮廓后的效果

(24) 利用工具箱中的 ⬚ 按钮依次单击绿色、黄色和红色色块，再次创建出圆形的选区。然后选择菜单栏中的【选择】/【修改】/【扩展】命令，弹出【扩展选区】对话框，参数设置如图 3-23 所示。

(25) 单击 <u>　好　</u> 按钮，然后选择菜单栏中的【编辑】/【自由变换】命令，此时在选区的周围将出现如图 3-24 所示的变形框。

(26) 单击属性栏中的  按钮，然后设置 W:75% H:75.0% 选项，再单击属性栏中的 ✔ 按钮，完成选区内图像的缩小变形操作。

(27) 选择菜单栏中的【选择】/【取消选择】命令（快捷键为 Ctrl + D）去除选区，绘制完成的太阳标志图形如图 3-25 所示。

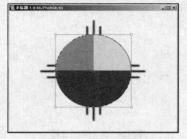

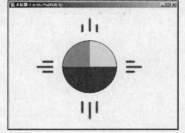

图3-23 【扩展选区】对话框　　　　图3-24 出现的变形框　　　　图3-25 绘制完成的标志图形

(28) 选择菜单栏中的【文件】/【存储】命令，将绘制完成的标志命名为"太阳标志.psd"进行保存。

案例小结

本案例主要介绍了 工具、 工具和 工具的基本使用方法，这几个工具在实际工作中会经常用到，希望读者能够熟练掌握。当选择了其中任意一个工具后，在其对应的属性栏中还有很多选项和按钮，这些选项和按钮对于工具的使用有很大的辅助作用。下面对这 3 个工具属性栏及【选择】/【修改】命令做详细介绍。

(1) 工具和 工具的属性栏如图 3-26 所示。

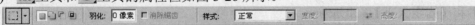

图3-26 【矩形选框】工具和【椭圆选框】工具的属性栏

- □（新选区）按钮：激活此按钮，在文件中可再创建选区，新建的选区将代替原来的选区。

- （添加到选区）按钮：激活此按钮，在文件中可再创建选区，新建的选区将与原来的选区合并成为新的选区，其操作过程如图 3-27 所示。

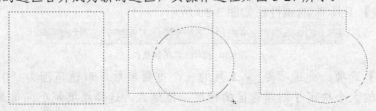

图3-27 添加选区过程

- （从选区减去）按钮：激活此按钮，在文件中可再创建选区，如果新建的选区与原来的选区有相交部分，将从原选区中减去相交的部分，剩余的选区作为新的选区，其操作过程如图 3-28 所示。

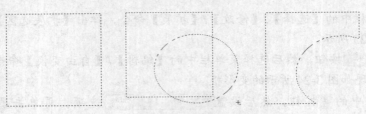

图3-28 减去选区过程

- （与选区交叉）按钮：激活此按钮，在文件中可再创建选区，如果新建的选区与原来的选区有相交部分，将会把相交的部分作为新的选区，其操作过程如图 3-29 所示。

图3-29 交叉选区过程

- 【羽化】选项：其绘制出的选区具有一种羽化的性质。当给具有羽化性质的选区填充颜色时，可以使选区边缘填充的颜色产生一种具有过渡消失的虚化效果。此功能与菜单栏中的【选择】/【羽化】命令相同，只是此选项要在绘制选区之前设置，而【羽化】命令是在有选区的情况下才能执行。
- 【消除锯齿】选项：由于构成图像的像素点是方形的，所以在编辑圆形或弧形图像时，其边缘会出现锯齿效果。勾选此复选框，可以通过淡化边缘使锯齿边缘得到平滑。注意，此选项不可用于【矩形选框】工具。

(2) 属性栏中的【样式】选项。

【样式】选项主要用于控制选框的形状，在其右侧的下拉列表中包括【正常】、【固定长宽比】和【固定大小】3 个选项。

- 【正常】选项：可以在文件中创建任意大小和比例的选区。
- 【固定长宽比】选项：可以在【样式】选项后的【宽度】和【高度】文本框中设定数值，来约束所绘制选区的宽度和高度比。
- 【固定大小】选项：可以在【样式】选项后的【宽度】和【高度】文本框中，设定将要创建选区的固定宽度和高度值，其单位为"像素"。

(3) 【魔棒】工具的属性栏如图 3-30 所示。

图3-30 魔棒工具的属性栏

- 【容差】选项：此选项是工具的一个重要参数，取值范围为"0～255"。其数值的大小决定了创建选区的精度。值越大，选择精度越小；值越小，选择精度越大。
- 【连续的】选项：当勾选此复选框后，在图像中只能选择与鼠标单击处颜色相近且相连的部分。当不勾选此复选框时，在图像中则可以选择所有与鼠标单击处颜色相近的部分。

- 【用于所有图层】选项：勾选此复选框，在图像文件中可选择所有图层可见部分中颜色相近的部分；不勾选此复选框，将只选择当前图层可见部分中颜色相近的部分。

(4) 在菜单栏中的【选择】/【修改】子菜单命令中，包括【边界】、【平滑】、【扩展】和【收缩】命令，分别介绍如下。

- 【边界】命令：通过设置【边界选区】对话框中的【宽度】值，可以将当前选区向内和向外扩展。
- 【平滑】命令：通过设置【平滑选区】对话框中的【取样半径】值，可以将当前选区进行平滑处理。
- 【扩展】命令：通过设置【扩展选区】对话框中的【扩展量】值，可以将当前选区进行扩展。
- 【收缩】命令：通过设置【收缩选区】对话框中的【收缩量】值，可以将当前选区缩小。

原选区与执行【选择】/【修改】子菜单命令后的形态，如图 3-31 所示。

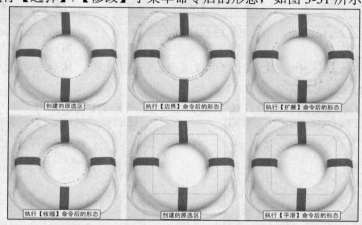

图3-31　原选区与分别执行【修改】子菜单命令后的选区形态

3.1.2　套索工具的应用

【例3-2】　本案例将利用工具箱中的套索工具选择图像，完成如图 3-32 所示的画面合成效果。

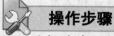

(1) 选择菜单栏中的【文件】/【打开】命令，打开素材文件中名为 "T3-01.psd" 的图像文件，如图 3-33 所示。

图3-32　完成的画面合成效果

图3-33　打开的图像文件

(2) 确认【图层】面板显示在工作区中，单击面板底部的 ▣ 按钮，新建一个图层"图层2"，如图 3-34 所示。

要点提示 图层是绘制和处理图像的基础，在 Photoshop 中非常重要，几乎每一幅作品的完成都要用到图层，灵活运用图层还可以创建出许多特殊的效果。本例主要用到新建图层、调整图层堆叠顺序及复制图层操作，有关图层的详细介绍请参见第 7 章的内容。

(3) 将鼠标指针移动到新建的"图层 2"上，按下鼠标左键并向下拖曳，其状态如图 3-35 所示。

(4) 拖曳鼠标指针至"图层 1"的下方时，释放鼠标左键，将"图层 2"调整至"图层 1"的下方，如图 3-36 所示。

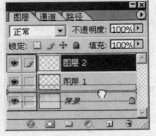

图3-34 新建的"图层 2"　　　　图3-35 调整图层时的状态　　　　图3-36 调整图层堆叠顺序后的效果

(5) 单击工具箱中的 ◯ 按钮，在属性栏中设置 羽化: 20像素 选项，然后在画面中按下鼠标左键并拖曳绘制选区，其状态如图 3-37 所示。

(6) 根据花草的边缘拖曳鼠标指针，绘制出如图 3-38 所示的选区。

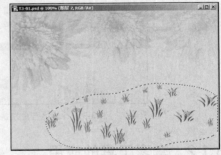

图3-37 绘制选区的状态　　　　　　　　　　图3-38 绘制的选区

(7) 单击工具箱中的前景色块，在弹出的【拾色器】对话框中设置颜色参数，如图 3-39 所示。

(8) 单击 好 按钮，然后按 Alt+Delete 组合键，将设置的前景色填充到选区中，按 Ctrl+D 组合键去除选区，填充颜色后的画面效果如图 3-40 所示。

图3-39 设置的颜色参数　　　　　　　　图3-40 填充颜色后的画面效果

(9) 在绘图窗口中的灰色工作区中双击，然后将素材文件中名为"T3-02.jpg"的图像文件打开，如图 3-41 所示。

(10) 在工具箱中的 ▨ 按钮上单击鼠标右键，然后在弹出的隐藏工具按钮组中选择 ▨ 按钮，并在属性栏中设置 宽度: 1像素 选项。

 要点提示 在下面的实例操作过程中，如再遇到选择隐藏的工具按钮时，将不再叙述其选择过程，如上面选择 ▨ 按钮，将直接叙述为：单击工具箱中的 ▨ 按钮。希望读者能将第 1 章中图 1-5 所示的内容熟练掌握，熟悉所有工具按钮在工具箱中的位置。

(11) 在画面中蝴蝶图像的轮廓位置单击，确定绘制选区的起点，如图 3-42 所示。

图3-41 打开的图像文件

图3-42 确定的选区起点

(12) 沿蝴蝶图像的轮廓移动鼠标，鼠标经过的轨迹以一条高亮的虚线形显示，同时在线形上连续出现多个点，对出现的线形进行位置锁定，如图 3-43 所示。

 要点提示 在拖曳鼠标时，如果出现的线形没有吸附在想要的图像边缘位置，可以通过单击鼠标左键手工添加紧固点来确定要吸附的位置。另外，按 BackSpace 键或 Delete 键可逐步撤销已生成的紧固点。

(13) 用此方法沿蝴蝶图像轮廓继续移动鼠标，当鼠标指针移动到起点位置时，在鼠标指针的右下角处将出现一个小圆圈，此时单击鼠标左键，绘制的选区将自动闭合，生成的选区形态如图 3-44 所示。

图3-43 锁定线形位置

图3-44 绘制的选区

(14) 单击工具箱中的 ▨ 按钮，并激活属性栏中的 ▨ 按钮，然后在蝴蝶的触角位置单击，确定第一点，并沿触角的边缘移动鼠标指针至如图 3-45 所示的位置。

 要点提示 在使用 ▨ 工具创建选区时，首先要在画面中单击确定第 1 个控制点，然后拖曳鼠标指针至合适位置后单击确定第 2 个控制点，按照要绘制选区的形状依次移动并单击确定需要的控制点，最后将鼠标指针移动到起点位置单击，即可创建出选区。

(15) 单击鼠标左键，确定第 2 点，用此方法沿蝴蝶触角的边缘连续移动并单击，选择蝴蝶的触角，如图 3-46 所示。

图3-45 移动鼠标指针绘制选区

图3-46 添加后的选区

(16) 选择菜单栏中的【编辑】/【拷贝】命令，将选区中的图像复制。

(17) 选择菜单栏中的【窗口】/【T3-01.psd】命令，将"T3-01.psd"文件设置为当前工作状态。然后选择菜单栏中的【编辑】/【粘贴】命令，将复制的蝴蝶粘贴至当前画面中。

(18) 选择菜单栏中的【编辑】/【自由变换】命令，然后设置属性栏中的参数，如图 3-47所示。

图3-47 设置的属性栏参数

(19) 将鼠标指针放置在变形框内按下鼠标左键并拖曳，将变形后的蝴蝶图形移动到如图3-48所示的画面位置。

(20) 单击属性栏中的 ✔ 按钮，确认蝴蝶图片变形后的形态，然后选择菜单栏中的【图层】/【复制图层】命令，弹出的【复制图层】对话框如图 3-49 所示。

(21) 单击 ［好］ 按钮，将"图层3"复制为"图层3副本"层，此时的【图层】面板状态如图 3-50 所示。

图3-48 蝴蝶图片移动后的位置

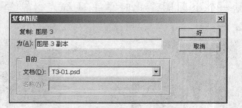
图3-49 【复制图层】对话框

图3-50 【图层】面板

 要点提示　在【图层】面板中的"图层3"上按下鼠标左键并向下拖曳，至面板底部的 ⬜ 按钮上释放鼠标左键，同样会复制出"图层3副本"层。

(22) 再次选择菜单栏中的【编辑】/【自由变换】命令，然后设置属性栏中的参数，如图3-51 所示。

图3-51 设置的属性栏参数

(23) 将鼠标指针放置在变形框内按下鼠标左键并拖曳，将变形后的蝴蝶图形移动到如图3-52 所示的位置，单击属性栏中的 ✔ 按钮，确认蝴蝶图片变形后的形态。

(24) 用与步骤 20～23 相同的方法，将蝴蝶图片再次复制并变形调整，最终效果如图 3-53所示。

图3-52 蝴蝶图片移动后的位置

图3-53 复制的蝴蝶

(25) 选择菜单栏中的【文件】/【存储】命令，将合成后的图像命名为 "鲜花蝶舞.psd" 进行保存。

 案例小结

本案例介绍了套索工具的使用方法，包括【套索】工具、【多边形套索】工具和【磁性套索】工具。这 3 个工具的属性栏中的大部分选项相同，只是【磁性套索】工具的选项比较多，具体介绍如下。

【磁性套索】工具的属性栏如图 3-54 所示。

| 羽化: 0 像素 | ☑ 消除锯齿 | 宽度: 1 像素 | 边对比度: 10% | 频率: 57 | ☑ 钢笔压力 |

图3-54 【磁性套索】工具属性栏

- 【羽化】选项：用于设置所绘制选区的羽化值大小。
- 【宽度】选项：用于设置在使用  工具时的探测宽度，取值范围为 "1～40"。数值越大，探测宽度越大。
- 【边对比度】选项：用于设置套索对图形中边缘的灵敏度，取值范围为 "1%～100%"。此值较大时，只对对比度较强的边缘进行探测套索；反之，则只对对比度低的边缘进行探测套索。
- 【频率】选项：用于设置套索连接点的连接速率，取值范围为 "1～100"。数值越大，选择外框固定越快。
- 【钢笔压力】选项：用于设置绘图板的笔刷压力，只有安装了绘图板和绘图板驱动程序此选项才可用。

在本例的操作过程中，除学习套索工具的使用方法外，还学习了利用【窗口】菜单切换图像文件及【复制】和【粘贴】图像的方法，希望读者通过本例的学习，能将其熟练掌握。

3.2 【选择】菜单命令应用

除了 3.1 节介绍的利用工具按钮创建选区外，还可以利用【选择】菜单命令来创建选区。

 命令简介

- 【选择】/【羽化】命令：对创建的选区进行羽化性质设置，产生选区填充颜色后，边缘具有模糊的效果，快捷键为 $\boxed{Alt}+\boxed{Ctrl}+\boxed{D}$。

- 【选择】/【色彩范围】命令：用于选择指定颜色的图像区域。
- 【图像】/【调整】/【色相/饱和度】命令：可以调整整个图像或图像中单个色彩的色相、饱和度及亮度，快捷键为 Ctrl + U 。

3.2.1　【羽化】命令应用

【例3-3】　利用【选择】菜单下的【羽化】命令，完成如图 3-55 所示的图像合成效果。

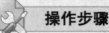 **操作步骤**

(1) 选择菜单栏中的【文件】/【打开】命令，将素材文件中名为"美女.jpg"的图片文件打开，如图 3-56 所示。

(2) 单击工具箱中的 ⬭ 按钮，按住 Shift 键，绘制出如图 3-57 所示的圆形选区。

图3-55　合成后的图像效果

图3-56　打开的图片

图3-57　绘制的圆形选区

(3) 按 Ctrl + Alt + D 组合键，在弹出的【羽化选区】对话框中将【羽化半径】的参数设置为"30 像素"，然后单击　好　按钮。

(4) 选择菜单栏中的【文件】/【打开】命令，将素材文件中名为"盘子.jpg"的图片文件打开。

(5) 将"人物"文件设置为工作状态，然后单击工具箱中的 ⊕ 按钮，将选区中的人物移动复制到"盘子"文件中，并将其调整至如图 3-58 所示的大小及位置。

(6) 选择菜单栏中的【文件】/【存储为】命令，将合成后的图像命名为"反选与羽化命令练习.psd"进行保存。

图3-58　图像放置的位置

 **案例小结**

本节主要运用【羽化】命令将两幅图像进行合成，该命令在实际工作过程中经常用到，希望读者能够将它们熟练掌握。

3.2.2　【色彩范围】命令应用

【例3-4】　利用【选择】菜单下的【色彩范围】命令，选择指定的图像并为其修改颜色，调整颜色前后的图像效果对比如图 3-59 所示。

操作步骤

(1) 选择菜单栏中的【文件】/【打开】命令，打开素材文件中名为"男孩.jpg"的图片文件。

(2) 选择菜单栏中的【选择】/【色彩范围】命令，弹出如图 3-60 所示的【色彩范围】对话框。

图3-59 调整颜色前后的图像效果对比

图3-60 【色彩范围】对话框

(3) 将鼠标指针移动到如图 3-61 所示衬衫的黄颜色位置单击，吸取鼠标单击处的黄颜色。

(4) 吸取颜色后，在【色彩范围】对话框中的预览窗口中，将以白色显示吸取颜色的位置，并以黑色覆盖图像的其他部位，然后设置【颜色容差】的参数为"180"，此时的【色彩范围】对话框如图 3-62 所示。

(5) 单击____好____按钮，创建的选区如图 3-63 所示。

图3-61 鼠标指针放置的位置

图3-62 设置参数后的对话框形态

图3-63 创建的选区

(6) 选择菜单栏中的【图像】/【调整】/【色彩平衡】命令，弹出【色彩平衡】对话框，设置参数如图 3-64 所示。

(7) 单击____好____按钮，然后按 Ctrl+D 组合键去除选区，调整衣服颜色后的效果如图 3-65 所示。

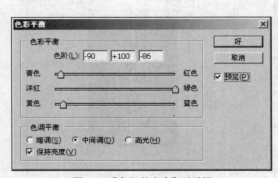

图3-64 【色相/饱和度】对话框　　　　　　　　　图3-65 调整衣服颜色后的效果

(8) 选择菜单栏中的【文件】/【存储为】命令，将调整衣服颜色后的图像重新命名为"替换衣服颜色.jpg"进行保存。

 案例小结

本案例主要介绍了利用【色彩范围】命令创建选区的方法，此命令在特殊选区的创建中非常实用，希望读者能将其熟练掌握。

3.3 【移动】工具应用

利用【移动】工具 ，可以在当前文件中移动图像的位置，也可以在两个图像文件之间完成图像的移动复制操作，还可以对图像进行手工变形，包括扭曲、斜切、透视等。

 命令简介

- 【自由变换】命令：在自由变换状态下，以手动方式将当前图层的图像或选区做任意缩放、旋转等自由变形操作。这一命令在使用路径时，会变为【自由变换路径】命令，以对路径进行自由变换。
- 【变换】命令：分别对当前图像或选区进行缩放、旋转、拉伸、扭曲、透视等单项变形操作。这一命令在使用路径时，会变为【路径变换】命令，以对路径进行单项变形。

3.3.1 移动或移动复制图像

【例3-5】 利用 工具的移动复制功能合成如图 3-66 所示的画面。

图3-66 合成后的画面整体效果

(1) 选择菜单栏中的【文件】/【打开】命令，打开素材文件中名为"草地.jpg"和"儿童.psd"的图片文件，如图 3-67 所示。

图3-67 打开的图片

(2) 单击工具箱中的 按钮，将打开的儿童图片移动复制到"草地.jpg"文件中生成"图层 1"。

(3) 确认在属性栏中勾选 显示定界框 复选框，按住 Shift 键，将鼠标指针放置在定界框左上角的控制点上，按下鼠标左键向右下方拖曳，等比例缩小"儿童"图片，如图 3-68 所示。

(4) 单击属性栏中的 按钮，确定图片的缩小变形操作，然后单击【显示定界框】前面的 ，取消定界框的显示。

(5) 单击工具箱中的 按钮，按住 Alt 键，将鼠标指针放置在调整后的"儿童"图片上，然后按下鼠标左键向左上方拖曳移动复制图像，复制出的图像如图 3-69 所示。

图3-68 调整后的图片形态　　　　　　　　　　图3-69 复制出的图像

要点提示

确认工具箱中的 按钮为当前正在使用的工具，将图像选择后，按下 Alt 键，拖动鼠标指针可移动复制图形；若同时按下 Alt 键和 Shift 键，拖动鼠标指针可垂直或水平移动复制图形。无论当前工具箱中正在使用什么工具，同时按下 Ctrl 键和 Alt 键，都可以拖动鼠标指针移动复制图像；若同时按下 Alt 键、Ctrl 键和 Shift 键，拖动鼠标指针同样可垂直或水平移动复制图形。

(6) 用与步骤 3~4 相同的调整图片大小及位置的方法，将复制出的图像进行缩放调整，效果如图 3-70 所示。

(7) 用与步骤 5~6 相同的方法，移动复制图像并将复制出的图像进行缩放调整，然后将其放置到如图 3-71 所示的位置。

图3-70　缩小后的图像效果　　　　　　　　　　　　图3-71　图像放置的位置

(8) 选择菜单栏中的【文件】/【存储为】命令，将合成的图像命名为"移动复制练习.psd"进行保存。

 案例小结

本案例主要介绍了 工具的基本使用方法，其中包括图像的移动、移动复制以及基本变形的方法。介绍了本例之后，希望读者能够熟练掌握【移动】工具的使用方法。

3.3.2　图像的变形

【例3-6】　将打开的图片进行组合，然后利用【移动】工具属性栏中的【显示定界框】选项为图像制作变形效果，制作如图 3-72 所示的包装盒立体效果。

图3-72　包装盒立体效果

 操作步骤

(1) 选择菜单栏中的【文件】/【打开】命令，打开素材文件中名为"底图.jpg"和"包装平面图.jpg"的图片，如图 3-73 所示。

图3-73 打开的图片

(2) 将"包装平面图.jpg"图片置为当前工作状态,单击工具箱中的 ▦ 按钮,在"包装平面图.jpg"文件中绘制如图 3-74 所示的矩形选区。

(3) 单击工具箱中的 ⊕ 按钮,将选区中的图片移动复制到"底图.jpg"文件中。

(4) 在属性栏中勾选 ☑ 显示定界框 选项,添加定界框后的图片如图 3-75 所示。

<table>
<tr><td>图3-74 绘制的矩形</td><td>图3-75 添加定界框后的图片</td></tr>
</table>

(5) 按住键盘中的 Ctrl 键,将鼠标指针放置在定界框右上角的控制点上,如图 3-76 所示。

(6) 按下鼠标左键并向左上方拖曳,将图片进行变形,图片的变形状态如图 3-77 所示。

<table>
<tr><td>图3-76 鼠标指针放置的位置</td><td>图3-77 图片的变形状态</td></tr>
</table>

(7) 拖曳鼠标到适当位置后释放。用同样方法,按住键盘中的 Ctrl 键,对图片的其他角控制点进行调整,调整后的图形形状如图 3-78 所示。

(8) 按 Enter 键,确定图片的变形效果,然后在属性栏中取消 ☐ 显示定界框 前面的勾选。

(9) 将"包装平面图.jpg"图片置为当前工作状态,单击工具箱中的 ▦ 按钮,在"包装平面图.jpg"文件中绘制如图 3-79 所示的矩形选区。

图3-78 调整后的形态

图3-79 绘制的矩形选区

(10) 单击工具箱中的 ⊹ 按钮，将选区中的图片移动复制到"底图.jpg"文件中，放置到如图 3-80 所示的位置，使图片的右上角与下方图片最右侧的角控制点对齐。

(11) 在属性栏中将 ☑显示定界框 选项勾选，按住 Ctrl 键，将鼠标指针放置到左侧中间的控制点上按下并向右下方拖曳，使图片的上边缘与"图层 1"中图片的边缘对齐，状态如图 3-81 所示。

图3-80 图片放置的位置

图3-81 调整后的形态

(12) 继续按住 Ctrl 键，对图片下方的两个控制点进行调整，最终形态如图 3-82 所示。

(13) 按 Enter 键，确定图片的变形调整。

(14) 单击工具箱中的 ⊡ 按钮，在"包装平面图.jpg"文件中绘制如图 3-83 所示的矩形选区。

图3-82 图片调整后的形态

图3-83 绘制的矩形选区

(15) 单击工具箱中的 ⊹ 按钮，将选区中的图片移动复制到"底图.jpg"文件中，然后利用定界框对图片进行调整，依次调整的状态如图 3-84 所示。

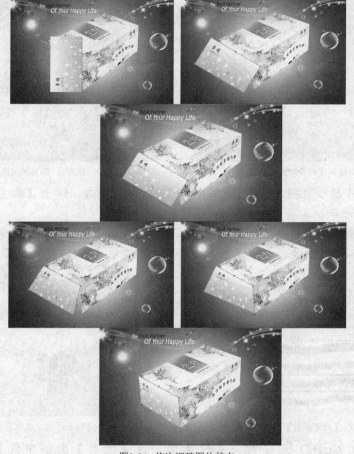

图3-84 依次调整图片状态

(16) 对图片进行调整后，按 Enter 键，确定图片的调整变形，然后取消定界框的使用。

(17) 在【图层】面板中确定"图层 3"为当前工作图层，选择菜单栏中的【图像】/【调整】/【亮度/对比度】命令，在弹出的【亮度/对比度】对话框中，设置参数如图 3-85 所示。

(18) 参数设置完成后，单击 好 按钮。

(19) 在【图层】面板中确定"图层 2"为当前工作层，选择菜单栏中的【图像】/【调整】/【亮度/对比度】命令，在弹出的【亮度/对比度】对话框中，设置参数如图 3-86 所示。

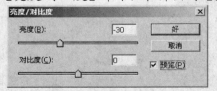

图3-85 【亮度/对比度】对话框

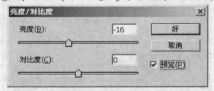

图3-86 【亮度/对比度】对话框

(20) 参数设置完成后，单击 好 按钮，调整亮度对比度后的画面效果如图 3-87 所示。

(21) 按住 Ctrl 键，在【图层】面板中的"图层 3"上单击，对"图层 2"中的图像添加选区，添加选区后的形态如图 3-88 所示。

图3-87 调整亮度对比度后的效果　　　　　　　　　　　　　　图3-88 添加的选区形态

(22) 单击工具箱中的 ⌕ 按钮，在属性栏中的 ⌕ 按钮上单击，弹出【画笔预设】面板，选择如图 3-89 所示的笔头。

(23) 在【图层】面板中创建一个新的"图层 4"图层，将工具箱中的前景色设置为黑色。

(24) 利用选择的画笔笔头在选区中拖曳，喷绘出如图 3-90 所示的黑色效果。

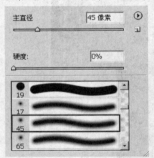

图3-89 【画笔预设】面板　　　　　　　　　　　　　　图3-90 喷绘黑色后的效果

(25) 按键盘中的 Ctrl+D 组合键，去除选区，在【图层】面板中设置"图层 4"的不透明度：20% 选项，设置不透明度后的画面效果如图 3-91 所示。

(26) 在【图层】面板中将"背景层"设置为当前工作图层，然后创建一个新的"图层 5"图层，使新创建的图层在"图层 1"的下面。

(27) 单击工具箱中的 ⌕ 按钮，在画面中绘制如图 3-92 所示的选区。

图3-91 设置不透明度后的效果　　　　　　　　　　　　　图3-92 绘制的选区形态

(28) 单击工具箱中的 ▮ 按钮，再单击属性栏中 ▮ 按钮的颜色条部分，弹出【渐变编辑器】对话框，选取预设窗口中如图 3-93 所示的"前景到透明"渐变颜色样式。

(29) 在选区中由右向左拖曳鼠标，为选区填充设置的线性渐变色，释放鼠标，填充渐变色后的效果如图 3-94 所示。

图3-97 【渐变】对话框

图3-97 填充的渐变色

(30) 按键盘中的 Ctrl+D 组合键，去除选区，然后选择菜单栏中的【滤镜】/【模糊】/【高斯模糊】命令，弹出【高斯模糊】对话框，参数设置如图 3-95 所示。

(31) 参数设置完成后，单击 好 按钮，绘制出包装盒的投影效果，如图 3-96 所示。

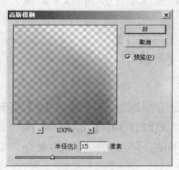

图 3-95 【高斯模糊】对话框

图 3-96 制作完成的投影效果

(32) 选择菜单栏中的【文件】/【存储为】命令，将绘制完成的图像重新命名为"包装盒制作.psd"进行保存。

 案例小结

本案例主要介绍利用【移动】工具属性栏中的【显示定界框】选项，为图片制作变形效果的操作。图像的变形在图像的处理过程中是最为重要的，通过本案例包装盒的操作练习，希望读者能够将其熟练掌握。

一、属性栏

当给图片设置【显示定界框】选项后，对图片进行变形时，其属性栏设置如图 3-97 所示。

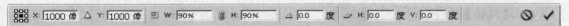

图3-97 对图像进行变形操作时的属性栏

 要点提示 利用 按钮对图像进行变形操作时的属性栏，与选择菜单栏中的【编辑】/【自由变换】命令（快捷键为 Ctrl+T）对图像进行变形操作时的属性栏相同，即利用属性栏中的【显示定界框】选项与利用菜单栏中的【自由变换】命令，对图像进行变形的操作是相同的。

- ▦图标：此图标中间的黑点显示的是调节中心在定界框中的位置，在图标上单击其他的白色小点可以将调节中心设置到相应的位置。移动鼠标指针到文件中定界框中间的调节中心上，当鼠标指针变成▸⊕形状时，按下鼠标左键并拖曳，也可移动调节中心的位置。

- 【X】/【Y】选项：设置其右侧文本框中的数值，可以精确定位调节中心的坐标，单位为"像素"。

- △（使用参考点相关定位）按钮：激活此按钮，可以在【X】选项和【Y】选项右侧的文本框中，设置调节中心相对原坐标位置移动多少像素，其数值可以为正值，也可以为负值。

- ▒（缩放）按钮：用于设置定界框中图像的缩放比例。【W】值为水平缩放比例，【H】值为垂直缩放比例。

- ▮（保持长宽比）按钮：激活此按钮，可以锁定【W】值和【H】值使用相同的缩放比例，即确保对定界框中的图像进行等比例缩放。

- △（旋转）按钮：在其右侧的窗口中输入数值，可以控制图像的旋转角度。

- ⟋（斜切）按钮：用于设置图像的倾斜角度。【H】值为水平方向，【V】值为垂直方向。

- ⊘（取消变换）按钮：单击此按钮，取消对图像的变形操作。

- ✓（进行变换）按钮：单击此按钮，确认对图像的变形操作。

二、【变换】命令

在 Photoshop 的【编辑】/【变换】菜单命令中，主要包括图像的【缩放】、【旋转】、【斜切】、【扭曲】、【透视】、【旋转 180 度】、【旋转 90 度（顺时针）】、【旋转 90 度（逆时针）】、【水平翻转】、【垂直翻转】等命令。读者可以根据不同的需要选择不同的命令，对图像或图形进行变换调整。

- 【缩放】命令。
  选择菜单栏中的【编辑】/【变换】/【缩放】命令，为当前工作层或选区添加缩放变形框。将鼠标指针放置在变形框中的任意控制点上，按下鼠标左键并拖曳，可对图像进行大小调整。按住 Shift 键，将鼠标指针放置到变形框的任意一角控制点上，按下鼠标左键并拖曳，可以按照图像的宽度和高度的比例进行缩放调整。按住 Shift+Alt 组合键，将鼠标指针放置到变形框的任意一角控制点上，按下鼠标左键并拖曳，可以将图像按照等比例进行缩放调整。

- 【旋转】命令。
  选择菜单栏中的【编辑】/【变换】/【旋转】命令，为当前工作层或选区添加旋转变形框。将鼠标指针放置在变形框周围任意位置处，按下鼠标左键并上下拖曳，可对图像进行旋转调整。按住 Shift 键，可以将图像以每次 15° 进行旋转。

- 【斜切】命令。
  选择菜单栏中的【编辑】/【变换】/【斜切】命令，为当前工作层或选区添加斜切变形框。将鼠标指针放置在变形框中的任意控制点上，按下鼠标左键并拖曳，可对图像进行斜切变形。

- 【扭曲】命令。

选择菜单栏中的【编辑】/【变换】/【扭曲】命令，为当前工作层或选区添加扭曲变形框。将鼠标指针放置在变形框中的任意控制点上，按下鼠标左键并拖曳，可对图像进行扭曲调整。按住 Shift 键，将鼠标指针放置在任意的控制点上，按下鼠标左键并拖曳，可以将图像进行倾斜变形。

- 【透视】命令。

   选择菜单栏中的【编辑】/【变换】/【透视】命令，为当前工作层或选区添加透视变形框。将鼠标指针放置在变形框中的任意控制点上，按下鼠标左键并拖曳，可对水平或垂直方向上的控制点进行变形，从而产生图像的透视效果。

- 【旋转 180 度】、【旋转 90 度（顺时针）】和【旋转 90 度（逆时针）】命令。

   使用【旋转 180 度】、【旋转 90 度（顺时针）】和【旋转 90 度（逆时针）】命令对图像所产生的效果，都可以直接使用【旋转】命令来完成，但是使用这 3 种命令要比【旋转】命令快捷得多。

- 【水平翻转】和【垂直翻转】命令。

   使用【水平翻转】命令可以使图像水平翻转，使用【垂直翻转】命令可以使图像垂直翻转。

- 【再次】命令。

   在【变形】菜单中还有一个【再次】命令，当利用变形框对图像进行变形后，此命令才可以使用。执行此命令相当于再次执行刚才的变形操作。

3.4 实训练习

通过本章案例的学习，读者自己动手进行以下实训练习。

3.4.1 合成图像

打开素材文件，利用【套索】工具选择图像后移动复制到"相册模板.jpg"文件中合成图像，合成后的效果如图 3-98 所示。

 操作步骤

(1) 打开素材文件中名为"照片 01.jpg"的图片文件，然后利用 工具绘制出如图 3-99 所示的选区。

图 3-98　合成后的效果

图 3-99　绘制的选区

(2) 执行【选择】/【羽化】命令，在弹出的【羽化选区】对话框中，将【羽化半径】值设置为 "5"，然后将选区内的人物移动复制到 "相册模板.jpg" 文件中，如图 3-100 所示。

(3) 设置生成 "图层 1" 的图层混合模式为 "柔光"，【不透明度】值为 "80%"。

(4) 打开素材文件中名为 "照片 02.jpg" 的图片文件，然后利用 工具将人物选取，并移动复制到 "相册模板.jpg" 文件中。

(5) 为 "图层 2" 中的图像添加外发光效果，参数设置如图 3-101 所示，单击 好 按钮。

(6) 选择菜单栏中的【文件】/【存储】命令，保存文件。

图 3-100　图像调整后的大小及位置

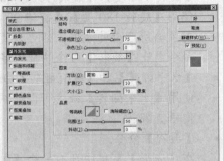

图 3-101　外发光效果的参数设置

3.4.2　绘制 POP 挂旗

下面运用本章讲解的工具和命令来绘制 POP 挂旗。在绘制过程中，要注意【椭圆选框】工具、【矩形选框】工具、【移动】工具、【渐变】工具和【图层样式】命令的应用。绘制完成的挂旗如图 3-102 所示。

图 3-102　绘制完成的 POP 挂旗

操作与练习

一、填空题

1.　在利用选区进行图像选择时，按住键盘上的 ＿＿＿＿＿＿ 键，可以在现有的选区内增加选区。按住键盘上的 ＿＿＿＿＿＿ 键，可以在现有的选区内减少选区。

2. 当利用  工具绘制矩形选区时，按下 Shift 键，可以绘制_____形态的选区；按下 Shift+Alt 组合键，可以绘制_____形态的选区；按下 Alt 键，可以绘制_____形态的选区。

3. 确认工具箱中的 工具为当前使用状态，按下_____键，拖曳鼠标指针可移动复制图形，若_____、_____键同时按下，拖曳鼠标指针可垂直或水平移动复制图形。

二、操作题

1. 利用 3.1.1 小节介绍的用选区工具绘制标志图形的方法，绘制如图 3-103 所示的标志图形。

2. 在素材文件中打开名为"向日葵.jpg"和"人物.jpg"的图片文件，如图 3-104 所示。用本章介绍的创建选区、羽化、移动复制及变形操作，制作如图 3-105 所示的画面合成效果。

图 3-103　绘制的标志图形

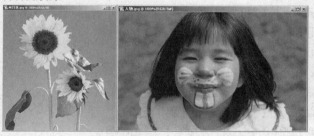

图 3-104　打开的图片

图 3-105　画面合成效果

3. 在素材文件中打开名为"背景.jpg"和"封面.jpg"的图片文件，如图 3-106 所示。用本章介绍的图像变形操作，制作如图 3-107 所示的书籍装帧立体效果。

图 3-106　打开的图片

图 3-107　制作完成的书籍装帧立体效果

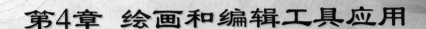

第4章 绘画和编辑工具应用

工具箱中的绘画和编辑工具是利用 Photoshop 进行图形绘制的主要工具，其中绘画工具主要包括【画笔】工具、【铅笔】工具、【渐变】工具、【油漆桶】工具。编辑工具主要包括【修复画笔】工具、【图章】工具、【橡皮擦】工具、【模糊】工具、【锐化】工具、【涂抹】工具、【减淡】工具、【加深】工具、【海绵】工具、【历史记录画笔】工具等。这些工具都是在制图过程中经常用到的。下面介绍各种绘画和编辑工具的功能及使用方法。

- ● 学会【画笔】和【铅笔】工具的应用。
- ● 学会【渐变】和【油漆桶】工具的应用。
- ● 学会【修复画笔】和【修补】工具的应用。
- ● 学会【仿制图章】和【图案图章】工具的应用。
- ● 学会【橡皮擦】、【背景色橡皮擦】和【魔术橡皮擦】工具的应用。
- ● 学会【模糊】、【锐化】和【涂抹】工具的应用。
- ● 学会【减淡】、【加深】和【海绵】工具的应用。
- ● 学会【历史记录画笔】和【历史记录艺术画笔】工具的应用。

4.1 绘画工具

绘画工具最主要的功能是用来绘制图像。灵活运用绘画工具，可以绘制出各种各样的图像效果，使设计者的思想被最大限度地表现出来。

命令简介

- ● 【画笔】工具 ：选择此工具，先在工具箱中设置前景色的颜色，即画笔的颜色，并在【画笔】对话框中选择合适的笔尖，然后将鼠标指针移动到新建或打开的图像文件中单击并拖曳，即可绘制不同形状的图形或线条。
- ● 【铅笔】工具 ：此工具与【画笔】工具类似，也可以在图像文件中绘制不同形状的图形及线条。只是在【铅笔】工具的属性栏中多了一个【自动抹掉】选项，这是【铅笔】工具所具有的特殊功能。
- ● 【渐变】工具 ：使用此工具可以在图像中创建渐变效果。根据其产生的不同效果，可以分为"线性渐变"、"径向渐变"、"角度渐变"、"对称渐变"和"菱形渐变" 5 种渐变方式。
- ● 【油漆桶】工具 ：使用此工具，可以在图像中填充颜色或图案，它的填充范围是与鼠标指针的单击处像素相同或相近的像素点。

4.1.1 【画笔】工具的应用

【例4-1】 利用【画笔】工具，绘制如图4-1所示的水泡效果。

 操作步骤

(1) 选择菜单栏中的【文件】/【打开】命令，打开素材文件中名为"T4-01.jpg"的背景图片，如图4-2所示。

图4-1 绘制出的水泡效果

图4-2 打开的图片

(2) 新建"图层1"，然后设置前景色为白色。

(3) 单击工具箱中的 ✎ 按钮，然后单击其属性栏中的 按钮，在弹出的【画笔预设】面板中设置其选项和参数，如图4-3所示。

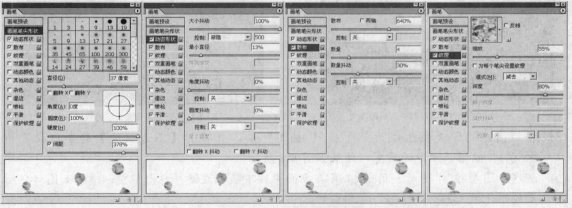

图4-3 【画笔预设】面板

(4) 移动鼠标指针到画面中按下鼠标左键并自由拖曳，随意喷绘出如图4-4所示的水泡效果。

图4-4 喷绘出的水泡

(5) 执行【图层】/【图层样式】/【斜面和浮雕】命令，弹出【图层样式】对话框，设置各项参数如图 4-5 所示。

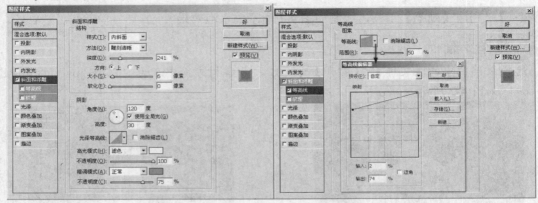

图4-5 【图层样式】对话框

(6) 单击 好 按钮，添加斜面和浮雕样式后的效果如图 4-6 所示。

(7) 将 "图层 1" 的图层混合模式设置为 "柔光"，更改混合模式后的效果如图 4-7 所示。

图4-6 添加斜面和浮雕样式后的效果   图4-7 更改混合模式后的效果

(8) 将 "图层 1" 复制生成为 "图层 1 副本" 层，并将其【不透明度】的参数设置为 "50%" 以增强水泡的质感，效果如图 4-8 所示。

(9) 新建 "图层 2"，然后利用 ![工具]工具在画面中按下鼠标左键并自由拖曳，喷绘如图 4-9 所示的水泡效果。

图4-8 增强质感后的效果   图4-9 绘制的水泡

(10) 选择【文件】/【存储】命令，将其命名为 "绘制水泡.psd" 进行保存。

案例小结

本案例通过水泡的绘制，主要介绍了【画笔】工具的使用方法，下面介绍其属性栏和【画笔预设】面板中各选项的作用。

一、【画笔】工具属性栏

单击工具箱中的 ✒ 按钮，其属性栏如图 4-10 所示。

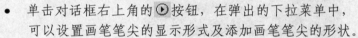

图4-10　【画笔】工具的属性栏

- 【画笔】选项：用于编辑画笔笔尖形状及大小。单击此选项后面的 图标，将弹出如图 4-11 所示的【画笔】面板。

  【主直径】选项：用于设置当前选择画笔的笔尖大小。可以在下方的笔尖形状选项窗口中直接选择；也可以通过滑动【主直径】下方的滑块来调整笔尖的大小；还可以直接输入适当的数值，更精确地设置笔尖的大小。

  【硬度】选项：用于设置当前选择画笔的笔尖硬度。数值越大，利用画笔绘制的颜色边缘越清晰；数值越小，利用画笔绘制的颜色边缘越模糊。

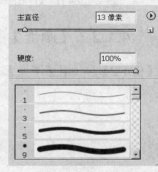

图4-11　【画笔】面板

- 单击对话框右上角的 ▶ 按钮，在弹出的下拉菜单中，可以设置画笔笔尖的显示形式及添加画笔笔尖的形状。
- 【模式】选项：单击模式选项右侧的按钮，在弹出的下拉菜单中可以选择画笔的使用模式，选择不同的模式将对图像产生不同的效果。
- 【不透明度】选项：用于设置画笔绘画时的不透明度。
- 【流量】选项：用于设置画笔在绘画时的压力大小，数值越大，画出的颜色越深。
- ✐（【喷枪】工具）按钮：激活此按钮，画笔就具有了喷枪的特性，绘制的线条会因鼠标指针的停留而渐粗。
- ▤（【切换画笔调板】选项）按钮：单击此按钮，可弹出【画笔预设】面板。

二、【画笔预设】面板

按键盘上的 F5 键或单击属性栏中的 ▤ 按钮，打开如图 4-12 所示的【画笔预设】面板。在图中可以看出，【画笔预设】面板是由 3 部分组成的，左侧部分主要用于选择画笔的属性，右侧部分用于设置画笔的具体参数，最下面部分是画笔的预览区域。先选择不同的画笔属性，然后在其右侧的参数设置区中设置相应的参数，可以将画笔设置为不同的形状。

三、【铅笔】工具

当用【铅笔】工具绘画时，如果勾选了属性栏中的【自动抹掉】复选框，在图像中颜色与工具箱中前景色相同的区域落笔时，【铅笔】会自动擦除前景色而以背景色的颜色绘制。如果在与前景色不同的颜色区域落笔时，【铅笔】工具将以前景色的颜色绘制，如图 4-13 所示。

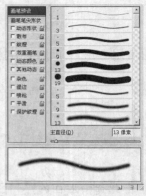

图4-12 【画笔预设】面板

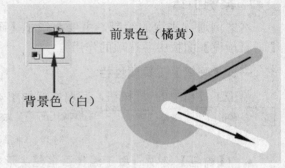

图4-13 勾选【自动抹掉】复选框时绘制的图形

4.1.2 【渐变】工具和【油漆桶】工具的应用

【**例4-2**】 利用【渐变】工具和【油漆桶】工具，绘制如图 4-14 所示的风景画。

图4-14 绘制的风景画

操作步骤

(1) 选择菜单栏中的【文件】/【打开】命令，打开素材文件中名为 "T4-02.jpg" 和 "T4-03.psd" 的图片文件，如图 4-15 所示。

(2) 单击工具箱中的 按钮，将 "T4-03.psd" 文件中的 "小屋" 图形移动复制到 "T4-02.jpg" 文件中，并将其放置到如图 4-16 所示的位置。

图4-15 打开的图片文件

图4-16 小屋图形放置的位置

(3) 单击工具箱中的前景色颜色图标，在弹出的【拾色器】对话框中将颜色设置为砖红色（C:20,M:70,Y:100,K:10）。

(4) 单击工具箱中的 按钮，然后设置其属性栏，如图 4-17 所示。

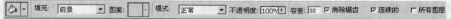

图4-17 【油漆桶】工具的属性栏

(5) 将鼠标指针移动到画面中屋顶的位置单击，为屋顶填充颜色，填充颜色后的画面效果如图 4-18 所示。

图4-18 填充颜色后的画面效果

(6) 用与步骤 5 同样的方法，为画面中的小屋填充颜色，填充颜色后的画面效果如图 4-19 所示。

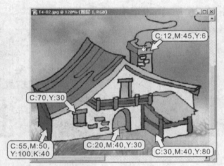

图4-19 填充颜色后的画面效果

(7) 单击工具箱中的 按钮，激活其属性栏中的 按钮，然后将鼠标指针移动到画面中浅黄色小屋的墙面部分，依次单击添加选区，如图 4-20 所示。

(8) 将工具箱中的前景色设置为深黄色（C:20,M:35,Y:100,K:0）。

(9) 单击工具箱中的 按钮，然后在其属性栏中的 画笔 位置单击，在弹出的【画笔】面板中选择如图 4-21 所示的笔尖。

(10) 在画面中的小屋墙角位置，依次单击并拖曳鼠标，喷绘出如图 4-22 所示的颜色。

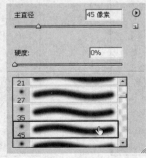

图4-20 添加的选区　　　　图4-21 【画笔】面板　　　　图4-22 喷绘出的高光区域

(11) 用与步骤 7～10 相同的方法，通过设置不同的颜色和笔尖大小，为画面中的小屋润饰如图 4-23 所示的颜色。

(12) 将工具箱中的前景色设置为白色，然后单击工具箱中的 按钮，将鼠标指针移动到画面中如图 4-24 所示的位置，单击填充白色，制作炊烟效果。

第4章 绘画和编辑工具应用

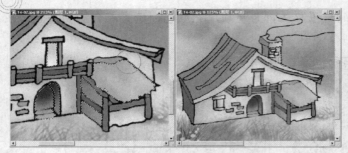

图4-23 喷绘出的高光区域和阴影区域

图4-24 填充出的炊烟效果

(13) 单击工具箱中的 ✐ 按钮，然后设置其属性栏，如图 4-25 所示。

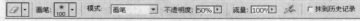

图4-25 【橡皮擦】工具的属性栏

(14) 参数设置完成后，移动鼠标指针到画面中的炊烟位置，单击并拖曳进行擦除颜色，制作如图 4-26 所示的虚化效果。

图4-26 制作的虚化效果

(15) 单击工具箱中的 ■ 按钮，在属性栏中激活 ■ 按钮，然后单击 ▬▬▬ ▾ 按钮，在弹出的【渐变编辑器】窗口中，选择如图 4-27 所示的渐变方式。

(16) 在【渐变编辑器】窗口中，单击如图 4-28 所示的颜色色标按钮，然后将其下方的【位置】选项设置为 "47"。

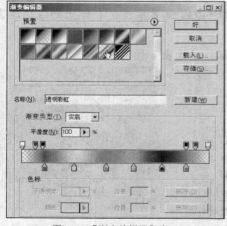

图4-27 【渐变编辑器】窗口

图4-28 选择颜色色标按钮

(17) 用与步骤 16 相同的方法，通过设置色标不同的【位置】数值，将色标调整成如图 4-29 所示的位置状态，然后单击 [好] 按钮。

(18) 在【图层】对话框中新建 "图层 2"，然后将鼠标指针移动到画面的中心位置，按下鼠标左键并向下拖曳，为画面填充渐变色，填充渐变色后的画面效果如图 4-30 所示。

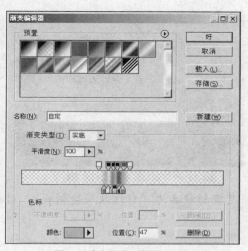

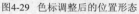
图4-29 色标调整后的位置形态

图4-30 填充渐变色后的画面效果

(19) 单击工具箱中的 ▦ 按钮，在画面中绘制如图 4-31 所示的矩形选区。然后选择菜单栏中的【选择】/【羽化】命令，在弹出的【羽化选区】对话框中设置其参数，如图 4-32 所示。

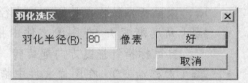

图4-31 绘制的矩形选区

图4-32 【羽化选区】对话框

(20) 参数设置完成后单击 好 按钮，然后按 Delete 键，删除具有羽化性质选区内的图像，删除后的画面效果如图 4-33 所示。

(21) 按 Ctrl+D 组合键，将选区去除。然后按 Ctrl+T 组合键，为剩余的渐变颜色添加自由变换框，并将其垂直缩放至如图 4-34 所示的形态。

图4-33 删除渐变颜色后的画面效果

图4-34 垂直缩放后的形态

(22) 在【图层】对话框中，将图层混合模式设置为如图 4-35 所示的"滤色"，设置图层混合模式后的彩虹效果如图 4-36 所示。

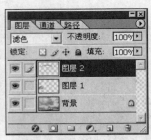

图4-35 【图层】对话框

图4-36 设置图层混合模式后的彩虹效果

(23) 选择菜单栏中的【文件】/【存储为】命令，将其重新命名为"彩虹效果绘制.psd"进行保存。

 案例小结

本案例介绍了【渐变】和【油漆桶】工具的基本使用方法，下面介绍它们对应的属性栏中各选项的作用和功能。

一、渐变方式

【渐变】工具根据产生的不同效果，可以分为以下5种渐变方式。

- ■（线性渐变）：在图像文件中拖曳鼠标指针，将产生自鼠标指针起点到终点的直线渐变效果。
- ■（径向渐变）：在图像文件中拖曳鼠标指针，将产生以鼠标指针起点为圆心，以鼠标指针拖曳的距离为半径的圆形渐变效果。
- ■（角度渐变）：在图像文件中拖曳鼠标指针，将产生以鼠标指针起点为中心，自鼠标指针拖曳方向起旋转一周的锥形渐变效果。
- ■（对称渐变）：在图像文件中拖曳鼠标指针，将产生以经过鼠标指针起点与拖曳方向垂直的直线为对称轴的轴对称直线渐变。
- ■（菱形渐变）：在图像文件中拖曳鼠标指针，将产生以鼠标指针起点为中心，以鼠标指针拖曳的距离为半径的菱形渐变效果。

二、【渐变】工具

【渐变】工具 ■ 的属性栏如图4-37所示。

图4-37 【渐变】工具的属性栏

- ■ ▼（编辑渐变）按钮：当单击前面的渐变色部分时，将弹出【渐变编辑器】窗口，在此窗口中可重新设置渐变的各个颜色。单击后面的 ▼ 按钮，将弹出【渐变拾色器】面板，在此面板中可选择要渐变的颜色。

 要点提示 【渐变拾色器】面板中显示的是渐变选项缩览图，单击需要使用的渐变选项即将其选择。单击其右上角的按钮，还可加载或删除渐变选项。

- 【模式】选项：用于设置渐变色与底图的混合模式。
- 【不透明度】选项：设置渐变效果的不透明度。数值越小，渐变效果越透明。

- 【反向】选项：勾选此复选框，渐变选项中的颜色顺序将会颠倒。
- 【仿色】选项：勾选此复选框，会使渐变颜色间的过渡更加柔和。
- 【透明区域】选项：勾选此复选框，【渐变编辑器】窗口中的【不透明度】才会生效；若不勾选此复选框，效果中的透明区域显示为前景色。

三、【渐变编辑器】窗口

【渐变编辑器】窗口是用于编辑渐变颜色的，单击属性栏中 前面的渐变色部分，将弹出如图 4-38 所示的【渐变编辑器】窗口。

【渐变编辑器】窗口分为 3 部分，即【预置】栏、参数设置区和按钮区。

图4-38　【渐变编辑器】窗口

- 【预置】栏：在【预置】栏中系统默认有 15 种渐变颜色，选择其中任意一种，可以渐变出预置的颜色效果。
- 参数设置区：在参数设置区中，可以进行预置渐变颜色的参数修改，包括不透明度、颜色位置、颜色的添加和删除等。
- 按钮区：在按钮区中可以将编辑好的渐变颜色确定进行应用或取消设置，如果需要还可以载入更多预置的渐变颜色，对设置的渐变色还可以进行存储。

四、【油漆桶】工具

【油漆桶】工具 的属性栏如图 4-39 所示。

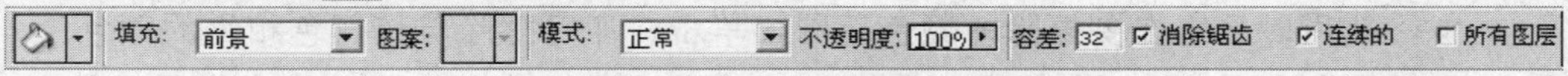

图4-39　【油漆桶】工具的属性栏

- 【填充】选项：用于设置以何种方式向画面中填充。在其右侧窗口的下拉列表中包括【前景】和【图案】两个选项。当选择【前景】时，利用【油漆桶】工具向画面中单击可填充当前的前景色，此时属性栏中的【图案】选项不能使用。当在【填充】选项中选择【图案】选项时，后面的【图案】选项即可使用，单击此选项，在弹出的【图案选项】面板中选择合适的图案，然后利用【油漆桶】工具向画面中单击，可填充当前选择的图案。
- 【模式】选项：用于设置填充图像与原图像的混合模式。
- 【不透明度】选项：用于设置填充颜色或图案的不透明程度。
- 【容差】选项：主要控制图像中的添色范围，数值越大，填充的范围越大。
- 【消除锯齿】选项：勾选此复选框，可以通过淡化边缘产生与背景颜色之间的过渡，使锯齿边缘得到平滑。
- 【连续的】选项：勾选此复选框，可以在画面中连续像素点组成的颜色中进行填充；当不勾选此复选框时，可以在画面中相同或相近的所有像素点组成的颜色中进行填充。
- 【所有图层】选项：勾选此复选框，当选择填充范围时对所有图层都起作用。

4.2 编辑工具

工具箱中编辑工具的主要功能是对原图像进行进一步地编辑，可以使原图像生成意想不到的艺术效果。

 **命令简介**

- 【修复画笔】工具：使用此工具，可以用复制的图像或已经定义的图案对图像进行修复处理。
- 【修补】工具：使用此工具，可以通过移动选区对图像进行修复处理。
- 【颜色替换】工具：使用此工具，可以对图像中的特定颜色进行替换，如修改人物照片的红眼效果。
- 【仿制图章】工具：使用此工具，可以通过指定复制点复制图像。
- 【图案图章】工具：使用此工具，可以通过将要复制的图像定义为图案，然后对其进行复制。
- 【橡皮擦】工具：使用此工具，可以将图像进行擦除。当擦除背景层时，被擦除的区域露出背景色。当擦除普通层时，被擦除的区域显示为透明色。
- 【背景色橡皮擦】工具：使用此工具，可以擦除图像中特定的颜色，无论是在背景层还是在普通层上，它都会将图像擦除为透明色。
- 【魔术橡皮擦】工具：此工具的功能与【魔棒】工具的工作原理非常相似，使用时只需在要擦除的颜色范围内单击，即可擦除与该颜色相近的颜色。
- 【模糊】工具：使用此工具，可以对图像进行模糊处理。其工作原理是通过降低像素之间的色彩反差，使图像变得模糊。
- 【锐化】工具：使用此工具，可以对图像进行锐化处理。其工作原理是通过增大像素之间的色彩反差，使图像产生锐化效果。
- 【涂抹】工具：使用此工具在图像文件中单击并拖曳，可以将单击处的颜色抹开。它是模拟在刚画好的还没干的画上，用手指去抹的效果。
- 【减淡】工具：使用此工具在图像文件中单击并拖曳，可以对鼠标指针经过的区域进行提亮加光处理，从而使图像变亮。
- 【加深】工具：使用此工具在图像文件中单击并拖曳，可以对鼠标指针经过的区域进行遮光变暗处理，从而使图像变暗。
- 【海绵】工具：使用此工具在图像文件中单击并拖曳，可以对鼠标指针经过的区域进行变灰或提纯处理，从而改变图像的饱和度。
- 【历史记录画笔】工具：使用此工具，可以将图像中新绘制的部分恢复到图像打开时的画面。
- 【历史记录艺术画笔】工具：使用此工具，可以在图像中产生特殊的艺术效果。

【例4-3】 修复照片。

利用【修复画笔】和【修补】工具修复照片上的污色，然后利用【仿制图章】和【图案图章】工具将修复后的照片合成婚纱图像，各阶段的效果如图 4-40、图 4-41 和图 4-42 所示。

图4-40 婚纱照片原图

图4-41 修复后的婚纱照片

图4-42 合成后的婚纱照片

 操作步骤

(1) 选择菜单栏中的【文件】/【打开】命令，打开素材文件中名为 "T4-05.jpg" 的图片文件。

(2) 单击工具箱中的 🔍 按钮，将鼠标指针移动到画面中按下鼠标左键并向右下角拖曳，将图片放大显示，其状态如图 4-43 所示。

(3) 单击工具箱中的 ✐ 按钮，在属性栏中的 按钮上单击，在弹出的【笔刷】面板中设置其参数，如图 4-44 所示。

(4) 按住 Alt 键，将鼠标指针移动到如图 4-45 所示的位置单击，设置取样点。

图4-43 拖曳鼠标指针时的状态

图4-44 【笔刷】设置对话框

图4-45 颜色取样位置

(5) 松开 Alt 键，将鼠标指针移动到照片中有污渍的位置，按下鼠标左键并拖曳，将污渍进行修复，状态如图 4-46 所示。

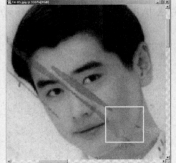

图4-46 修复污渍时的状态

(6) 单击工具箱中的 按钮，将鼠标指针移动到画面中，按下鼠标左键并拖曳，在画面中绘制出如图 4-47 所示的选区。

(7) 在属性栏中选中【源】单选钮，然后将鼠标指针移动到绘制的选区内按下鼠标左键，将选区中的图像移动到没有污渍的位置，状态如图 4-48 所示。

(8) 释放鼠标左键后，选区内的污渍即被修复，修复后的画面效果如图 4-49 所示。

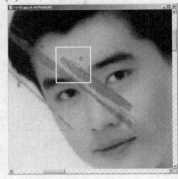 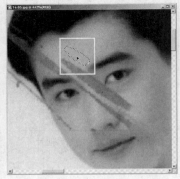 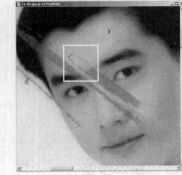

图4-47　绘制出的选区　　　　　　图4-48　拖曳选区时的状态　　　　　　图4-49　修复后的画面效果

(9) 用与步骤 6～8 相同的方法，在画面中有污渍的位置绘制选区，然后将选区内的图形移动到画面中没有污渍的位置，状态如图 4-50 所示。

(10) 按 Ctrl+D 组合键将选区去除，修复后的画面如图 4-51 所示。

图4-50　修复照片时的状态　　　　　　　　　　　　　图4-51　修复后的画面效果

(11) 用与步骤 3～9 相同的方法，将画面中人物面部的污渍全部修复，修复后的画面效果如图 4-52 所示。

(12) 按住空格键，鼠标指针变为抓手图标，然后将画面窗口平移到显示如图 4-53 所示的图像位置。

(13) 单击工具箱中的 按钮，按住 Alt 键，将鼠标指针移动到画面中如图 4-54 所示的位置单击，设置取样点。

图4-52　修复后的画面效果　　　　　图4-53　拖曳鼠标指针时的状态　　　　　图4-54　取样点位置

(14) 释放 [Alt] 键，然后将鼠标指针移动到画面中有污渍的位置，按下鼠标左键并拖曳，对画面进行修复，状态如图 4-55 所示。

(15) 用同样方法，对人物面部进行修复，修复后的画面效果如图 4-56 所示。

图4-55 拖曳鼠标指针时的状态

图4-56 修复后的画面效果

(16) 利用工具箱中的修复工具对画面中人物的胳膊进行修复，修复后的画面效果如图 4-57 所示。

(17) 用前面所学的方法，对画面中其他有污渍的位置进行修复，修复后的画面整体效果如图 4-58 所示。

图4-57 修复后的画面效果

图4-58 修复后的画面整体效果

(18) 单击工具箱中的 🔍 按钮，设置其属性栏，如图 4-59 所示。

图4-59 减淡工具的属性栏

(19) 将鼠标指针移动到画面中人物的面部处，按下鼠标左键并拖曳，为人物的肤色进行提亮处理，提亮处理后的效果如图 4-60 所示。

(20) 用与步骤 19 相同的方法，为画面中人物的面部肤色进行提亮处理，提亮处理后的效果如图 4-61 所示。

图4-60 原图与提亮处理后的效果

图4-61 原图与提亮处理后的效果

至此，已将有污渍的照片修复完成。下面先将其保存，然后利用【仿制图章】和【图案图章】工具将修复后的婚纱照片进行效果处理。

(21) 选择菜单栏中的【文件】/【存储为】命令，将修复后的图像重新命名为"修复后的照片.jpg"进行保存。

(22) 按 Ctrl+A 组合键，将修复后的照片全部选中，然后按 Ctrl+C 组合键，将其复制保存在剪贴板中。

 要点提示 当最近复制了一张图片存在系统剪贴板中，Photoshop 在新建文件时，将以剪贴板中图片的尺寸作为新建图像文件的默认尺寸。

(23) 选择菜单栏中的【文件】/【新建】命令，新建一个【宽度】为"15 厘米"，【高度】为"15 厘米"，【分辨率】为"150 像素/英寸"，【颜色模式】为"RGB 颜色"、"8 位"，【背景内容】为"白色"的文件。

(24) 选择菜单栏中的【文件】/【打开】命令，打开素材文件中名为"T4-04.psd"的花卉图片，如图 4-62 所示。

(25) 选择菜单栏中的【编辑】/【定义图案】命令，在弹出如图 4-63 所示的【图案名称】对话框中单击 好 按钮，将图片定义为图案。

图4-62 打开的图片

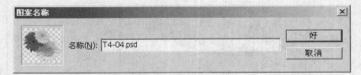

图4-63 【图案名称】对话框

(26) 单击工具箱中的 按钮，然后单击其属性栏中的 画笔 按钮，在弹出的【画笔】面板中选择如图 4-64 所示大小的笔尖。

(27) 单击其属性栏中的 按钮，在弹出的【图案】面板中选择如图 4-65 所示的定义的图案，然后设置其属性栏，如图 4-66 所示。

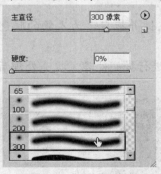

图4-64 【画笔】面板

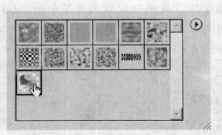

图4-65 【图案】面板

图4-66 【图案图章】工具的属性栏

(28) 将"未标题-1"文件设置为当前工作状态,在【图层】对话框中新建"图层 1"图层,
然后将鼠标指针移动到画面中,按下鼠标左键并拖曳,在图像文件中绘制出如图 4-67
所示的图案。

(29) 在【图层】对话框中将"图层 1"的不透明度设置为不透明度: 60% ▶ 。

(30) 单击工具箱中的 ⬛ 按钮,然后单击其属性栏中的画笔: ⬛ 按钮,在弹出的【画笔】面板
中选择如图 4-68 所示的笔尖。

(31) 按住 Alt 键,将鼠标指针移动到"修复后的照片.jpg"文件中如图 4-69 所示的位置单
击,设置取样点。然后设置其属性栏,如图 4-70 所示。

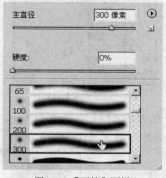

图4-67 绘制的图案　　　　图4-68 【画笔】面板　　　　图4-69 鼠标指针单击的位置

图4-70 【仿制图章】工具的属性栏

(32) 将"未标题-1"文件设置为当前工作状态,在【图层】对话框中新建"图层 2",然后
将鼠标指针移动到画面中,按下鼠标左键并拖曳,绘制出如图 4-71 所示的图像。

(33) 单击工具箱中的 ⬛ 按钮,然后单击其属性栏中的 ⬛ 渐变色部分,在弹出的【渐
变编辑器】窗口中选择如图 4-72 所示的渐变样式。

图4-71 绘制出的图像　　　　图4-72 【渐变编辑器】窗口

(34) 选择好渐变样式后,单击 好 按钮,然后设置【渐变】工具的属性栏,如图 4-73
所示。

图4-73 【渐变】工具的属性栏

(35) 在【图层】对话框中新建"图层 3",然后按住 Shift 键,将鼠标指针移动到画面的上

方，按下鼠标左键并向下方拖曳，到合适的位置后释放鼠标左键，填充渐变颜色后的画面效果如图 4-74 所示。

(36) 在【图层】对话框中将图层混合模式设置为如图 4-75 所示的"滤色"，设置图层混合模式后的画面效果如图 4-76 所示。

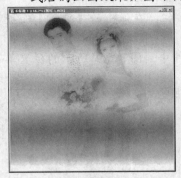
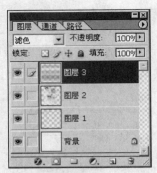

图4-74 填充渐变颜色的效果　　　　图4-75 【图层】对话框　　　　图4-76 更改图层混合模式后的效果

(37) 单击工具箱中的 ⌀ 按钮，将鼠标指针移动到画面中人物的面部处单击并拖曳，将人物面部处的颜色擦除，擦除后的画面效果如图 4-77 所示。

图4-77 原图与擦除颜色后的画面效果对比

(38) 单击工具箱中的 T 按钮，在画面中输入如图 4-78 所示的文字。

(39) 将工具箱中的前景色设置为绿色（C:80,M:20,Y:100,K:0），单击工具箱中的 ╲ 按钮，在属性栏中将 □ 按钮激活，然后设置 粗细: 4像素 选项。

(40) 在【图层】对话框中新建"图层 4"，绘制出如图 4-79 所示的直线。

图4-78 输入的文字　　　　　　　　　　图4-79 绘制的直线

(41) 至此，婚纱照片的效果已绘制完成。选择菜单栏中的【文件】/【存储】命令，将其命名为"合成婚纱效果.psd"进行保存。

案例小结

本案例通过婚纱照片的污渍处理和最后效果的合成练习，介绍了各种编辑工具的使用方法和技巧，希望读者能够将其熟练掌握。

一、【修复画笔】工具

【修复画笔】工具同【图章】工具一样，也是用来复制图像的，只是【图章】工具所完成的是一种单纯的复制，而【修复画笔】工具是把复制的图像经过处理后复制到指定的位置，使复制的图像可以与底层的颜色相互融合，产生更加理想的效果。

【修复画笔】工具 的属性栏如图 4-80 所示。

图4-80 【修复画笔】工具的属性栏

在【源】选项中包括【取样】和【图案】两个选项。

- 若选中【取样】单选钮，必须先按住 Alt 键，在要复制的图像位置单击，将图像复制为样本，然后在需要复制样本的位置拖曳鼠标，才可以将样本复制到指定的位置。
- 若选中【图案】单选钮，其右边的【图案】选项下拉列表框成为可用状态，在其中选择要复制的图案，然后在需要复制图案的位置拖曳鼠标，即可在图像文件中复制所选择的图案。

二、【修补】工具

【修补】工具同【修复画笔】工具一样，也是用来修复图像的，所不同的是【修复画笔】工具是用画笔进行图像修复，而【修补】工具是通过选区完成对图像的修复。

【修补】工具 的属性栏如图 4-81 所示。

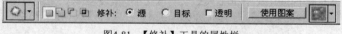

图4-81 【修补】工具的属性栏

(1) 【修补】选项中包括【源】和【目标】两个选项。

- 若选中【源】单选钮，在图像文件中需要修补的位置创建区域，然后将鼠标指针放置在选区内，按下鼠标左键并将其拖曳到用来修复图像的另一个位置，释放鼠标左键后【修补】工具会自动用另一个位置的图像来修复需要修补的位置。
- 若选中【目标】单选钮，在图像文件中将用来修复图像的位置创建区域，然后将鼠标指针放置在选区内，按下鼠标左键并将其拖曳到需要修补的位置，释放鼠标左键后【修补】工具会自动用被用来修复位置的图像来修复需要修补位置的图像。

(2) 使用图案 按钮：单击此按钮，将在图像文件中的选区内填充选择的图案，并且与原位置的图像产生混合效果。

三、【颜色替换】工具

【颜色替换】工具 可以对图像中的特定颜色进行替换。其使用方法为：在工具箱中选择【颜色替换】工具 ，单击前景色色块，为图像中要替换的颜色设置新颜色，在属性栏中设置【画笔】笔尖、【模式】、【取样】、【限制】、【容差】等各选项，在图像文件中要替换颜色的位置按住鼠标左键并拖曳，即可用设置的前景色替换鼠标指针拖曳位置的颜色。图4-82所示为照片原图与替换颜色后的效果。

图4-82 照片原图与替换颜色后的效果

四、【仿制图章】工具

【仿制图章】工具的使用方法为：单击工具栏中的 按钮，按住 Alt 键，将鼠标指针移动到打开图像中要复制的图案上单击（鼠标单击处的位置为复制图像的印制点），松开 Alt 键，然后将鼠标指针移动到需要复制图像的位置拖曳，即可复制图像。重新取样后，在图像中拖曳鼠标指针，将复制新的图像。

五、【图案图章】工具

【图案图章】工具的使用方法为：单击工具栏中的 按钮，用【矩形选框】工具选择需要复制的图案，选择菜单中的【编辑】/【定义图案】命令，将其定义为样本，然后在属性栏的【图案】选项中选择定义的图案，将鼠标指针移动到画面中拖曳即可复制图像。

要点提示

在定义图案时，如果要将打开的图案定义为样本，可直接执行菜单栏中的【编辑】/【定义图案】命令。如果要将图像中的某一部分设置为样本图案，就要先将定义图案的部分选择，选择图案时使用的选框工具必须为【矩形选框】工具，且属性栏中的【羽化】值必须为"0"。选择好定义的图案后，再执行菜单栏中的【编辑】/【定义图案】命令将其定义即可。

六、【橡皮擦】工具

【橡皮擦】工具的使用方法很简单，只需在工具箱中单击此按钮，并在属性栏中选择合适的笔尖大小及形状，然后将鼠标指针移动到图像文件中要擦除的位置，按下鼠标左键并拖曳即可。

【橡皮擦】工具 的属性栏如图4-83所示。

图4-83 【橡皮擦】工具的属性栏

- 【模式】选项：用于选择橡皮擦的擦除方式，包括"画笔"、"铅笔"和"块"3种，分别用这3种擦除方式擦除图像后的效果，如图4-84所示。

图4-84 不同模式选项擦除画面后的效果

- 【抹到历史记录】选项：勾选此复选框，橡皮擦就具有了【历史记录画笔】工具的功能。

七、【背景色橡皮擦】工具

【背景色橡皮擦】工具 的属性栏如图 4-85 所示。

图4-85　【背景色橡皮擦】工具的属性栏

- 【限制】选项：用于限制擦除颜色的范围，在其下拉列表中包括"不连续"、"临近"和"查找边缘" 3 个选项。当选择"不连续"选项时，在选定的颜色区域内可以多次重复擦除。当选择"临近"选项时，在选定的颜色区域内只能进行一次擦除。当选择"查找边缘"选项时，可擦除选定的颜色区域内所有与指定颜色相近的颜色，并保留较强的边缘效果。
- 【容差】选项：用于设置擦除图像颜色的精确度。此值越大，擦除颜色的范围就越大，反之则越小。
- 【保护前景色】选项：勾选此复选框，在擦除选定颜色区域内的颜色时，使用前景色的像素将不会被擦除。
- 【取样】选项：用于设置被擦除颜色的方式，在其下拉列表中包括"连续"、"一次"和"背景色板" 3 个选项。当选择"连续"选项时，擦除时会自动选择所擦的颜色，在图像中按下鼠标左键并拖曳，可以擦除鼠标指针经过处的像素颜色。当选择"一次"选项时，擦除时在要擦除的颜色上按下鼠标左键并拖曳，只要不松开鼠标左键即可一直擦除这种颜色。当选择"背景色板"选项时，擦除前首先指定背景色，然后在图像中按下鼠标左键并拖曳，将只擦除与背景色相同的颜色。

八、【魔术橡皮擦】工具

【魔术橡皮擦】工具 的属性栏如图 4-86 所示。

图4-86　【魔术橡皮擦】工具的属性栏

- 【容差】选项：用于设置擦除图像颜色的精确度。
- 【消除锯齿】选项：勾选此复选框，在擦除图像的边缘时将消除锯齿边。
- 【临近】选项：勾选此复选框，将会只擦除与鼠标单击处颜色相近且相连的颜色范围，否则会擦除图层中所有与鼠标单击处颜色相近的颜色。
- 【用于所有图层】选项：勾选此复选框，【魔术橡皮擦】工具将对所有图层进行擦除，即将图像的所有图层作为一层进行擦除。
- 【不透明度】选项：用于设置被擦除区域的不透明度。

九、【模糊】、【锐化】和【涂抹】工具

【模糊】、【锐化】和【涂抹】工具的属性栏基本相同，只是【涂抹】工具的属性栏多了一个【手指绘画】选项，如图 4-87 所示。

图4-87　【涂抹】工具的属性栏

- 【画笔】选项：用于设置笔尖的大小及形状。
- 【模式】选项：用于设置色彩的混合方式。
- 【强度】选项：此选项中的参数用于调节对图像进行涂抹的程度。
- 【用于所有图层】选项：若不勾选此复选框，只能对当前图层起作用；若勾选此复选框，则可以对所有图层起作用。
- 【手指绘画】选项：不勾选此复选框，对图像进行涂抹只是使图像中的像素和色彩进行移动；勾选此复选框，则相当于用手指蘸着前景色在图像中进行涂抹。

　　【模糊】、【锐化】和【涂抹】工具的使用方法都非常简单，首先在工具箱中激活相应的按钮，并在属性栏中选择适当的笔尖大小及形状，然后将鼠标指针移动到图像文件中按下鼠标左键并拖曳，即可将图像文件进行处理。原图像和经过模糊、锐化、涂抹后的效果，如图 4-88 所示。

图4-88　原图像和经过模糊、锐化、涂抹后的效果

十、【减淡】、【加深】和【海绵】工具

　　【减淡】和【加深】工具的属性栏是相同的，而【海绵】工具与它们不同，下面分类进行介绍。

　　(1)　【减淡】工具和【加深】工具。

　　【减淡】工具 和【加深】工具 的属性栏，如图 4-89 所示。

图4-89　【减淡】和【加深】工具的属性栏

- 【画笔】选项：用于设置笔尖的大小及形状。
- 【范围】选项：在其下拉列表中包括"暗调"、"中间调"和"高光" 3 个选项。

　　当选择"暗调"选项时，【减淡】和【加深】工具只对图像文件中较暗的区域起作用。

　　当选择"中间调"选项时，【减淡】和【加深】工具对图像文件中的整体区域起作用。

　　当选择"高光"选项时，【减淡】和【加深】工具只对图像文件中较亮的区域起作用。

- 【曝光度】选项：其右侧文本框中的参数用于设置图像的曝光强度，即拖曳一次鼠标对图像文件减淡或加深的程度。
- 按钮：若不激活此按钮，在使用【减淡】和【加深】工具时，效果不会因鼠标指针停留而加强；若激活此按钮，效果会因鼠标指针停留而加强。

(2) 【海绵】工具。

【海绵】工具 的属性栏如图4-90所示。

图4-90　【海绵】工具的属性栏

- 【模式】选项：用于设置【海绵】工具的作用模式，在其下拉列表中包括"加色"和"去色"两个选项。当选择"去色"选项时，【海绵】工具将会对图像进行变灰处理，降低图像的饱和度。当选择"加色"选项时，【海绵】工具将会对图像进行提纯处理，增加图像的饱和度。

【减淡】、【加深】和【海绵】工具的使用方法也非常简单，与前面所讲的【模糊】、【锐化】和【涂抹】工具的使用方法相同。原图图像和经过减淡、加深、去色、加色后的效果，如图4-91所示。

图4-91　自左向右分别为原图像和经过减淡、加深、去色、加色后的效果

十一、【历史记录画笔】工具

使用此工具可以对损坏的图像进行修复，注意在使用此工具时，所应用的文件必须是打开的、已经保存过的文件。当打开的图像文件被损坏后，单击工具箱中的 按钮，并在属性栏中设置好笔尖的大小及形状，然后将鼠标指针移动到此图像文件中进行拖曳，即可将损坏的图像文件恢复。

十二、【历史记录艺术画笔】工具

使用此工具可以使图像产生特殊的艺术效果。当在属性栏中选择不同的模式或样式时，图像产生的艺术效果也不同，如图4-92所示。

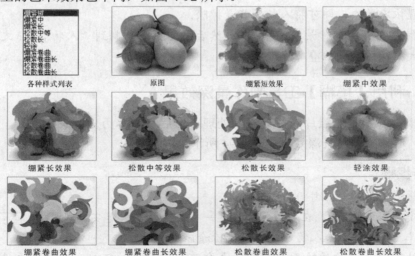

图4-92　选择不同的样式产生的不同效果

4.3 实训练习

通过本章案例的学习，读者自己动手进行以下实训练习。

4.3.1 利用【魔术橡皮擦】工具快速更换背景

利用【魔术橡皮擦】工具在打开的图片背景中单击去除人物图像的背景，然后把新的背景图片合成到文件中，原图片及更换背景后的效果如图 4-93 所示。

图4-93　原图片及更换背景后的效果

操作步骤

(1)　打开素材文件中的"人物.jpg"文件，然后选择 ✐ 工具，并将鼠标指针移动到图像的背景位置依次单击，即可将人物的背景擦除。

(2)　打开素材文件中的"背景.jpg"文件，然后将其移动复制到"人物.jpg"文件中，并调整图像大小及图层的堆叠顺序即可。

4.3.2 利用【模糊】工具制作景深效果

利用【模糊】工具把照片的背景模糊处理，然后利用【历史记录画笔】工具恢复人物的轮廓边缘，制作的照片景深效果如图 4-94 所示。

操作步骤

(1)　打开素材文件中的"照片 01.jpg"文件。

(2)　选择【模糊】工具 ◖，在属性栏中设置一个较大的画笔笔尖，设置 强度: 100% ▸ 的参数为"100%"，对画面中除人物外的背景进行涂抹。

(3)　在模糊处理时，人物的轮廓边缘可能也会变模糊，此时可以利用【历史记录画笔】工具 ✐ 将人物的轮廓边缘修复出来，使之恢复清晰的效果即可，如图 4-95 所示。

图4-94 原照片及景深效果

图4-95 恢复清晰度前后的对比效果

操作与练习

一、填空题

1. 可以绘制轻柔飘渺的白云效果的工具是_____。

2. 可以绘制自由形态，且不能够绘制轻柔飘渺效果的绘画工具是_____。

3. 可以对图像进行颜色加亮的工具是_____。

4. 可以快速弹出【画笔预设】面板的快捷键是_____。

二、选择题

1. 【渐变】工具根据产生的不同效果，可以分为（　　）。

A. 线性渐变   B. 径向渐变

C. 角度渐变   D. 对称渐变

E. 菱形渐变

2. 用于修复图像的工具有（　　）。

A.【历史记录画笔】工具　　　　　　　　B.【历史记录艺术画笔】工具

C.【修补】工具　　　　　　　　　　　　D.【图章】工具

E.【修复画笔】工具

三、简答题

1. 简述【仿制图章】工具的使用方法。

2. 简述【图案图章】工具的使用方法。

四、操作题

1. 用本章介绍的绘画工具，绘制如图4-96所示的风景画。

2. 用本章介绍的【渐变】工具的使用方法，制作出如图4-97所示的圆柱体与球体图形。

图4-96　绘制的风景画

图4-97　绘制的圆柱体与球体图形

3. 用本章介绍的编辑工具，对本书素材文件"图库\第 04 章"目录下名为"T4-06.jpg"的图像进行修复处理，然后打开"图库\第 04 章"目录下名为"T4-07.jpg"的图像文件进行效果合成。原图与处理合成后的图像效果，如图4-98所示。

图4-98　原图与合成后的图像效果

第5章 路径和矢量图形工具应用

由于使用路径和矢量图形工具可以绘制较为精确的图形，且易于操作，所以在实际工作过程中它们被广泛应用。它们在绘制图像和图形处理过程中的功能非常强大，特别是在特殊图像的选择与图案的制作方面，路径工具有较强的灵活性。本章将介绍有关路径和矢量图形的工具。

学习目标

- 掌握路径的构成。
- 掌握闭合路径和开放路径的应用。
- 掌握工作路径和子路径的应用。
- 掌握【钢笔】工具的应用。
- 掌握【自由钢笔】工具的应用。
- 掌握【添加锚点】和【删除锚点】工具的应用。
- 掌握【转换点】工具的应用。
- 掌握【路径选择】工具和【直接选择】工具的应用。
- 掌握各种矢量图形工具的应用。
- 学会【路径】面板的使用。

5.1 路径构成

路径是由多个节点组成的矢量线条，放大或缩小图像对其没有任何影响，它可以将一些不够精确的选区转换为路径后再进行编辑或微调，然后再转换为选区进行处理。图 5-1 所示为路径构成说明图，其中角点和平滑点都属于路径的锚点。

 命令简介

- 闭合路径：创建的路径其起点与终点重合为一点的路径为闭合路径。
- 开放路径：创建的路径其起点与终点没有重合的路径为开放路径。
- 工作路径：创建完成的路径为工作路径，它可以包括一个或多个子路径。
- 子路径：利用【钢笔】工具或【自由钢笔】工具创建的每一个路径都是一个子路径。

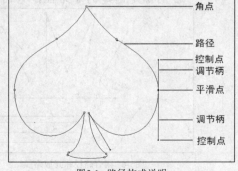

图5-1 路径构成说明

【例5-1】 利用【钢笔】工具，创建如图 5-2 所示的开放路径和闭合路径。

 操作步骤

(1) 单击工具箱中的 按钮，激活属性栏中的 （路径）按钮，将鼠标指针移动到文件中连续单击，可以创建由线段构成的路径，如图 5-3 所示。在文件中连续多次单击并拖曳鼠标，可以创建曲线路径，如图 5-4 所示。

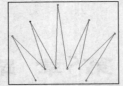 

图5-2 创建的路径

(2) 在创建路径时，当鼠标指针移动到创建路径的起始点位置时，鼠标的右下角会出现一个圆圈的标志，此时单击鼠标左键即可以闭合路径，如图 5-5 所示。

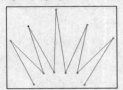  

图5-3 创建由直线线段构成的路径　　图5-4 创建由曲线构成的路径　　图5-5 路径闭合时状态和闭合后状态

> **要点提示** 在闭合路径前按住 Ctrl 键，然后在文件中任意位置单击鼠标左键，可以创建不闭合的路径。按住 Shift 键，可以创建 45°倍数的路径。

 案例小结

- 闭合路径和开放路径。

  利用工具箱中的 工具或 工具，在图像文件中创建的路径有两种形态，分别为闭合路径和开放路径，如图 5-6 所示。闭合路径一般用于图形和形状的绘制，开放路径用于曲线和线段的绘制。

- 子路径和工作路径。

  利用工具箱中的 工具或 工具，每一次创建的路径都是一个子路径。所有子路径创建后，即完成工作路径的创建，此时在图像文件中创建的所有子路径组成一个新的工作路径。图 5-7 所示的四边形路径、多边形路径和曲线路径分别都是创建的子路径，它们共同构成一个工作路径。

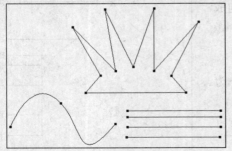 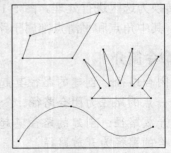

图5-6 闭合路径和开放路径　　　　　　　　　　　图5-7 工作路径

> **要点提示** 在图像文件中，同一个工作路径中的子路径之间可以进行计算、对齐、分布等操作。

5.1.1 应用路径工具设计标志图形

路径工具是一种矢量绘图工具，主要包括【钢笔】、【自由钢笔】、【添加锚点】、【删除锚点】、【转换点】、【路径选择】和【直接选择】工具，利用这些工具可以精确地绘制直线或光滑的曲线路径，并可以对它们进行精确地调整。

命令简介

* 【钢笔】工具 ✍：选择此工具，将鼠标指针移动到图像文件中依次单击，可以在图像文件中创建工作路径或形状图形。

* 【自由钢笔】工具 ✍：选择此工具，将鼠标指针移动到图像文件中拖曳，即可绘制工作路径或形状图形。

* 【添加锚点】工具 ✍：使用此工具在任意工作路径上单击，可在单击处添加锚点。

* 【删除锚点】工具 ✍：使用此工具在任意工作路径的锚点上单击，可将单击处的锚点删除。

* 【转换点】工具 ⌐：使用此工具可以调整工作路径中的锚点。单击路径上的平滑点，可以将其转换为角点；拖曳路径上的角点，可以将其转换为平滑点。

* 【路径选择】工具 ▶：使用此工具可以对子路径进行选择、移动和复制。当子路径上的锚点全部显示为黑色时，表示该子路径被选择。

* 【直接选择】工具 ▶：使用此工具可以选择或移动子路径上的锚点，还可以移动或调整平滑点两侧的方向点。

【例5-2】 绘制标志图形。

利用路径工具进行标志图形的绘制，在绘制时要注意与 Ctrl 键和 Alt 键的结合使用技巧，以及调整路径时的灵活操作方法。绘制完成的标志图形如图5-8所示。

操作步骤

(1) 选择菜单栏中的【文件】/【新建】命令，新建【宽度】为"15 厘米"，【高度】为"15 厘米"，【分辨率】为"150 像素/英寸"，【颜色模式】为"RGB 颜色"，【背景内容】为"白色"的文件。

(2) 新建"图层 1"，单击工具箱中的 ✍ 按钮，激活属性栏中的 ▣ 按钮，在画面中先绘制如图 5-9 所示标志的大体形状路径。

(3) 单击工具箱中的 ⌐ 按钮，将鼠标指针移动到钢笔路径的节点上，按下鼠标左键并拖曳，此时将出现两条调节柄，如图 5-10 所示，通过调整调节柄的长度和方向，从而调整节点两侧路径的弧度。

图5-8 绘制的标志图形

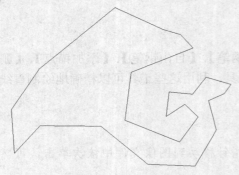

图5-9 绘制的路径

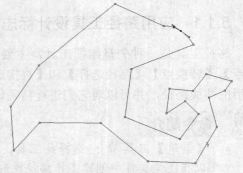

图5-10 调整路径时的状态

(4) 用与步骤 3 相同的方法，将路径调整成如图 5-11 所示的形态。

(5) 用与步骤 2～4 相同的方法，利用 🖊 工具和 ⃗ 工具，绘制并调整出如图 5-12 所示的路径。

图5-11 调整后的路径形态

图5-12 绘制出的路径

　　本例所设计的标志是由上下两个部分组合而成的，将路径调整后，按住 Ctrl 键单击标志中上方的路径将其选中，以便进行下面颜色填充的操作，选择后的路径将显示控制点。

(6) 打开【路径】面板，单击面板下方的 ⃝ 按钮，将选择的路径转换为选区。

(7) 将工具箱中的前景色设置为蓝色（C:100,M:95,Y:13,K:5），再按 Alt+Delete 组合键，为选区填充前景色，效果如图 5-13 所示，然后按 Ctrl+D 组合键去除选区。

(8) 将标志图形中下方的路径选中，然后用同样的方法，将路径转换为选区后填充浅蓝色（C:85,M:50,Y:0,K:0），效果如图 5-14 所示。

图5-13 填充颜色后的效果

图5-14 填充颜色后的效果

(9) 单击工具箱中的 ⬭ 按钮，按住 Shift 键，在标志图形中绘制出一圆形选区，再按 Delete 键将选区中的内容删除，效果如图 5-15 所示，然后按 Ctrl+D 组合键去除选区。

(10) 将工具箱中的前景色设置为黑色，然后单击工具箱中的 T 按钮，在绘制的标志下方输入如图 5-16 所示的文字。

图5-15 删除后的效果

图5-16 输入的文字

(11) 选择菜单栏中的【图层】/【图层样式】/【混合选项】命令，在弹出的【图层样式】对话框中设置选项及参数，如图 5-17 所示。

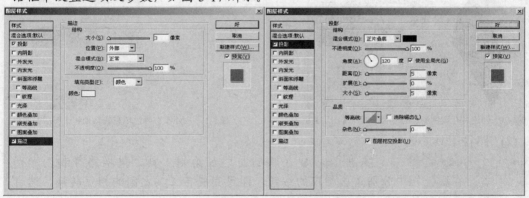

图5-17 【图层样式】对话框

(12) 单击 好 按钮，添加图层样式后的文字效果如图 5-18 所示。

(13) 选择菜单栏中的【文件】/【存储】命令，将此文件命名为"绘制标志图形.psd"进行保存。

案例小结

本案例主要介绍利用路径工具绘制简单标志图形的基本使用方法，希望读者能够将其熟练掌握。下面介绍有关路径的属性栏知识。

图5-18 添加图层样式后的文字效果

一、【钢笔】工具

【钢笔】工具 的属性栏如图 5-19 所示。

图5-19 【钢笔】工具的属性栏

【钢笔】工具的属性栏可分为路径绘制的方式、路径工具的选择、【自动添加/删除】选项、路径的运算方式、图层样式和颜色 6 部分，其功能分别介绍如下。

(1) 路径绘制的方式。

- （形状图层）按钮：激活此按钮，在图像文件中依次单击，可以创建具有前景色颜色填充的形状图形。此时，在【图层】面板中将自动生成包括图层图样和剪切路径的形状图层。创建的图形和【图层】面板如图 5-20 所示。

> **要点提示** 在【图层】面板创建的新图层中，左侧为【图层缩览图】即图层图样，右侧为【矢量蒙版缩览图】即剪切路径。双击【图层缩览图】可以修改创建路径图形的填充颜色。

- （路径）按钮：激活此按钮，在文件中单击，可以创建普通的工作路径，如图 5-21 所示。

- □（填充像素）按钮：当使用【钢笔】工具时，此按钮不可用，只有用矢量图形工具时才可用。激活此按钮后，在图像中拖曳鼠标指针，既不创建新图层，也不创建新工作路径，只在当前层中创建填充前景色的形状图形。

　　　　　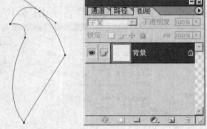

图5-20　创建具有颜色填充的形状图形和【图层】面板　　　图5-21　创建没有颜色填充的路径和【图层】面板

(2) 路径工具的选择。

- 　　　　　　　　按钮：这 8 个按钮是路径绘制工具，包括路径和图形两类。在属性栏中分别单击相应的铵钮，即可完成各工具之间的相互转换。读者不必再到工具箱中去选择，方便快捷。

- ▾按钮：当【钢笔】工具处于激活状态时，单击此按钮，将弹出【钢笔选项】面板。勾选面板上的【橡皮带】复选框，在创建路径过程中，鼠标指针移动时，图像文件中会显示鼠标指针移动的轨迹。

> **要点提示** 当在属性栏中激活不同的路径绘制工具时，单击▾按钮所弹出的选项面板也各不相同，在下面的【自由钢笔】工具和矢量图形工具的讲解过程中，将对它们分别进行详细介绍。

(3) 【自动添加/删除】选项。

勾选此复选框，【钢笔】工具就具有了【添加锚点】工具和【删除锚点】工具的功能。在图像文件中，当鼠标指针放到工作路径上时，指针的右下角会出现一个小加号，此时单击鼠标左键便会在单击处增加一个锚点；当鼠标指针放在路径的锚点上时，鼠标指针右下角会出现一个小减号，单击鼠标左键后此锚点即被删除。

(4) 路径运算方式。

当█按钮处于激活状态时，此类按钮才处于可用状态。

- 　（添加到路径区域）按钮：在填充路径时，新添加路径与原路径所覆盖的面积将全部被填充。

- 　（从路径区域减去）按钮：在填充路径时，新添加路径的面积将从原路径中减去再填充。

- （交叉路径区域）按钮：在填充路径时，新添加的路径与原路径重叠的部分将被填充。

- （重叠路径区域除外）按钮：在填充路径时，新添加的路径与原路径不重叠的部分将被填充。

不同的路径运算方式，转换为选区并填充颜色后，产生的效果也不同，如图 5-22 所示。

绘制的路径　　添加到路径区域　　从路径区域减去　　交叉路径区域　　重叠路径区域除外

图5-22　不同的路径运算方式产生的不同效果

（5）【样式】选项。

单击其右侧的窗口，将弹出【样式】选项面板。所谓样式，实际上是在 Photoshop 的【样式】面板中保存的图形效果设置，此选项与菜单栏中的【窗口】/【样式】命令相同，在【样式】面板中选择不同的选项，文件中创建的图形就会生成不同的效果。

（6）【颜色】选项。

单击【颜色】选项右侧的色块，在弹出的【拾色器】对话框中，可以调整用【钢笔】工具创建的形状图形的颜色。

二、【自由钢笔】工具

【自由钢笔】工具 ![] 的属性栏与【钢笔】工具的属性栏相似，只是用【磁性的】选项替换了【自动添加/删除】选项。当选择【磁性的】选项时，图像中的鼠标指针即显示为 ![]（磁性钢笔）形状，此时，【自由钢笔】工具与【磁性套索】工具的应用方法相似，可以沿图像边界绘制工作路径。

另外，单击 ![] 图标后面的 ▪ 按钮，可弹出如图 5-23 所示的【自由钢笔选项】面板。

- 【曲线拟合】选项：此选项用于设置绘制路径与鼠标指针移动轨迹的相似程度，取值范围为"0.5～10"。此数值越小，路径上的锚点越多，路径形态越精确。

- 【磁性的】选项：勾选此复选框，可以绘制与定义区域边缘对齐的路径。

- 【宽度】选项：此选项用于设置【磁性钢笔】工具的探测宽度。

图5-23　【自由钢笔选项】面板

- 【对比】选项：此选项用于设置【磁性钢笔】工具对图像边缘的灵敏度，其取值范围为"0～100%"。数值高，则探测图像周围对比较高的边缘；数值低，则探测图像周围对比较低的边缘。

- 【频率】选项：此选项用于设置创建路径上使用锚点的数量，取值范围为"5～40"。

- 【钢笔压力】选项：此选项与 【磁性套索】工具用法相同。

三、【添加锚点】工具

【添加锚点】工具 ♦ 的使用方法：单击工具箱中的 ♦ 按钮将其选择，然后将鼠标指针放到工作路径中想要添加锚点的位置，当鼠标指针的右下方出现一个"+"号时，单击即可在工作路径的单击处添加一锚点。

四、【删除锚点】工具

【删除锚点】工具 ♦ 的使用方法：单击工具箱中的 ♦ 按钮，然后将鼠标指针放到工作路径中想要删除的锚点上，当鼠标指针的右下方出现一个"–"号时，单击即可将工作路径上的锚点删除。

五、【转换点】工具

【转换点】工具可以使锚点在角点和平滑点之间进行转换，其几种转换情况分别介绍如下。

- 利用工具栏中的 ▶ 按钮将路径选中，在路径的平滑点处单击鼠标可以将其转换为角点。
- 在路径的角点处单击并拖曳鼠标指针可以将其转换为平滑点。
- 将鼠标指针移动到路径的某一锚点上按下鼠标左键并拖曳，释放鼠标左键后将鼠标指针移动到锚点一端的控制点上按下鼠标左键并拖曳，可以调整一端锚点的形态；再次释放鼠标左键后，将鼠标指针移动到另一控制点上按下鼠标左键拖曳，可以将另一端的锚点调整。
- 按住 Alt 键，将鼠标指针移动到锚点处按下鼠标左键并拖曳，可以将锚点的一端进行调整。

要点提示 按住 Ctrl 键将鼠标指针移动到锚点位置按下鼠标左键并移动，可以将当前选择的锚点移动位置。按住 Shift 键调整节点，可以确保锚点按 45°的倍数进行调整。

六、【路径选择】工具

【路径选择】工具 ▶ 可以用来选择一个或几个路径，并对其进行移动、组合、排列、分布和变换等操作，其属性栏如图 5-24 所示。

图5-24 【路径选择】工具的属性栏

(1) 【显示定界框】选项：勾选此复选框，在选择的路径周围将显示定界框（变形框），它与【移动】工具的定界框功能相同，可以对路径进行变形修改。

(2) 按钮：这 4 个按钮依次用于设置多个路径间相加、相减、相交和反交。具体操作为：在工作区中选择两个或两个以上的路径，在属性栏中选择一种需要的计算方式（即激活相应的按钮），然后单击 组合 按钮，即可完成对路径的修改。

(3) 对齐命令：包括以下 6 个按钮，它们只有在同时选择两个以上的路径时才可用。

- （顶对齐）按钮：将选择的多个路径在垂直方向上以顶部对齐。
- （垂直中齐）按钮：将选择的多个路径在垂直方向上以中心对齐。

- （底对齐）按钮：将选择的多个路径在垂直方向上以底部对齐。
- （左对齐）按钮：将选择的多个路径在水平方向上以左边缘对齐。
- （水平中齐）按钮：将选择的多个路径在水平方向上以中心对齐。
- （右对齐）按钮：将选择的多个路径在水平方向上以右边缘对齐。

(4) 分布命令：包括以下 6 个按钮，它们只有在同时选择 3 个以上的路径时才可用。

- （按顶分布）按钮：将选择的多个路径在垂直方向上以顶部为基准等距离分布。
- （垂直居中分布）按钮：将选择的多个路径在垂直方向上以中心等距离分布。
- （按底分布）按钮：将选择的多个路径在垂直方向上以底部等距离分布。
- （按左分布）按钮：将选择的多个路径在水平方向上以左边等距离分布。
- （水平居中分布）按钮：将选择的多个路径在水平方向上以中心等距离分布。
- （按右分布）按钮：将选择的多个路径在水平方向上以右边等距离分布。

【路径选择】工具的使用方法介绍如下。

- 确认文件中已有路径存在后，单击工具箱中的 工具，然后单击文件中的路径，当路径上的锚点全部显示为黑色时，表示该路径被选择。
- 当文件中有多个路径需要同时被选择时，可以按住 Shift 键，然后依次单击要选择的路径，或用框选的形式框选所有需要选择的路径。
- 在文件中按住被选择的路径拖曳鼠标，即可以移动该路径。
- 按住 Alt 键，再移动被选择的路径可以复制该路径。将被选择的路径拖曳至另一文件中，也可以复制它。
- 按住 Ctrl 键，可将当前工具切换为【直接选择】工具，以调整被选择路径上锚点的位置或调整锚点的形态。

七、【直接选择】工具

【直接选择】工具 可以用来移动路径中的锚点或线段，也可以改变锚点的形态。此工具没有属性栏，其具体使用方法介绍如下。

- 确认图像文件中已有路径存在后，单击工具箱中的 按钮，然后单击图像文件中的路径，此时路径上的锚点全部显示为白色，单击白色的锚点可以将其选中。当锚点显示为黑色时，用鼠标拖曳选择的锚点可以修改路径的形态。单击两个锚点之间的线段（曲线除外）并进行拖曳，也可以调整路径的形态。
- 当需要在图像文件中同时选择路径上的多个锚点时，可以按住 Shift 键，然后依次单击要选择的锚点。或用框选的形式，框选所有需要选择的锚点。
- 按住 Alt 键，在文件中单击路径可以将其选中，即全部锚点都显示为黑色。
- 拖曳平滑点两侧的控制点，可以改变其两侧曲线的形态。按住 Alt 键并拖曳鼠标指针，可以同时调整平滑点两侧的控制点。按住 Ctrl 键并拖曳鼠标指针，可以改变平滑点一侧的方向。按住 Shift 键并拖曳鼠标，可以调整平滑点一侧的方向按 45° 的倍数跳跃。
- 按住 Ctrl 键，可以将当前工具切换为【路径选择】工具，然后拖曳鼠标，可以移动整个路径的位置。再次按 Ctrl 键，可将【路径选择】工具转换为【直接选择】工具。

5.1.2 矢量图形工具

矢量图形工具主要包括【矩形】工具、【圆角矩形】工具、【椭圆】工具、【多边形】工具、【直线】工具和【自定形状】工具。它们的使用方法非常简单，选择相应的工具后，在图像文件中拖曳鼠标，即可绘制出需要的矢量图形。

 命令简介

- 【矩形】工具 □: 使用此工具，可以在图像文件中绘制矩形。按住 Shift 键可以绘制正方形。
- 【圆角矩形】工具 □: 使用此工具，可以在图像文件中绘制具有圆角的矩形。当属性栏中的【半径】值为 "0" 时，绘制出的图形为矩形。
- 【椭圆】工具 ○: 使用此工具，可以在图像文件中绘制椭圆图形。按住 Shift 键可以绘制圆形。
- 【多边形】工具 ○: 使用此工具，可以在图像文件中绘制正多边形或星形。在其属性栏中可以设置多边形或星形的边数。
- 【直线】工具 ＼: 使用此工具，可以绘制直线或带有箭头的线段。在其属性栏中可以设置直线或箭头的粗细及样式。按住 Shift 键，可以绘制方向为 45° 倍数的直线或箭头。
- 【自定形状】工具 ☞: 使用此工具，可以在图像文件中绘制出各类不规则的图形和自定义图案。

【例5-3】 利用矢量图形工具绘制如图 5-25 所示的标志图形。

操作步骤

(1) 选择菜单栏中的【文件】/【新建】命令，新建【高度】为 "8 厘米"，【宽度】为 "11 厘米"，【分辨率】为 "120 像素/英寸"，【颜色模式】为 "RGB 颜色"，【背景内容】为 "白色" 的文件。

(2) 将工具箱中的前景色设置为紫红色（C:0,M:85,Y:10,K:0）。

(3) 单击工具箱中的 ○ 按钮，在属性栏中将 □ 按钮激活，然后按住 Shift 键，将鼠标指针移动到新建文件中按下鼠标左键并拖曳，绘制出如图 5-26 所示的圆形路径图形。

图5-25 绘制的标志图形

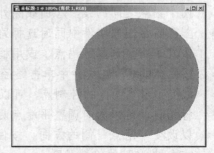

图5-26 绘制的圆形

(4) 按 Ctrl+Alt+T 组合键，为绘制的圆形路径图形添加自由变换框，然后按 Shift+Alt 组合键，将鼠标指针移动到变形框右上角的控制点上按下鼠标左键并向左下角拖曳，将圆形路径以中心等比例缩小。

(5) 按 Enter 键确认圆形路径的等比缩小操作，在属性栏中单击 ┌ 按钮，将等比缩小后的圆形路径在大圆形的形状区域中减去，相减后的形态如图 5-27 所示。

(6) 单击工具箱中的 ↖ 按钮，将鼠标指针移动到缩小后的圆形路径上单击将其选择，如图 5-28 所示。按 Shift 键将其水平向左移动，状态如图 5-29 所示。

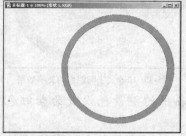

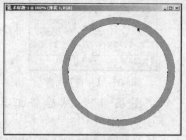

图5-27 相减后的圆形路径图形效果　　　图5-28 选择的圆形路径　　　图5-29 移动路径时的状态

(7) 移动到合适的位置后释放鼠标左键，路径移动后的位置如图 5-30 所示，然后将工作路径隐藏。

(8) 将工具箱中的前景色设置为黄色（C:0,M:24,Y:93,K:0）。

(9) 单击工具箱中的 T 按钮，在画面中输入如图 5-31 所示的文字，将工具箱中的前景色设置为绿色（C:80,M:20,Y:100,K:0），仍利用文字工具在画面中输入如图 5-32 所示的文字。

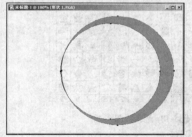

图5-30 移动路径后的画面效果　　　图5-31 输入的文字　　　图5-32 输入的文字

(10) 将鼠标指针放置在"新"字后面，单击鼠标左键插入文本输入光标，如图 5-33 所示。然后按空格键，将文字向后移动一个字节，如图 5-34 所示。

(11) 用与步骤 10 相同的方法，将文字间距调整成如图 5-35 所示的形态。

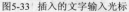

图5-33 插入的文字输入光标　　　图5-34 调整文字字距　　　图5-35 调整间距后的文字形态

(12) 移动鼠标指针到"品"字的右侧，按下鼠标左键并向左拖曳，将文字选择，如图 5-36 所示。

(13) 单击属性栏中的 ▣ 按钮，在弹出的【字符】面板中，将文字的间距设置为"300"，如图 5-37 所示，修改文字间距后的文字效果如图 5-38 所示。

图5-36 文字选择时的状态

图5-37 【字符】面板

图5-38 修改文字间距后的文字效果

(14) 在【图层】面板中新建一个"图层 1",然后将工具箱中的前景色设置为紫红色（C:0,M:80,Y:10,K:0）。

(15) 单击工具箱中的 按钮,并将其属性栏中的按钮 激活,然后在属性栏中的 按钮处单击,在弹出的【形状】选项面板中单击右上角的 按钮。

(16) 在弹出的下拉菜单中选择【全部】命令,弹出如图 5-39 所示的【Adobe Photoshop】提示对话框,单击 好 按钮。

(17) 在【形状】选项面板中选择如图 5-40 所示的五星形状,然后将鼠标指针移动到画面中,按下鼠标左键并拖曳,绘制如图 5-41 所示的五星形状。

图5-39 【Adobe Photoshop】提示对话框

图5-40 选择五星形状

(18) 单击工具箱中的 按钮,在画面中绘制出如图 5-42 所示的选区。

图5-41 绘制的五星形状

图5-42 绘制的选区

(19) 按 Ctrl+Shift+Alt 组合键,将鼠标指针移动到选区内,按下鼠标左键并向右水平拖曳,将五星图形移动复制,状态如图 5-43 所示。

图5-43 移动复制图形时的状态

(20) 用与步骤 18 相同的方法，移动复制如图 5-44 所示的五星图形，然后将工具箱中的前景色设置为绿色（C:70, M:0,Y:100, K:0）。

(21) 单击工具箱中的  按钮，将其属性栏中的 □ 按钮激活，并将属性栏中的 边:6 选项设置为 "6"，然后在画面中绘制如图 5-45 所示的六边形。

图5-44 移动复制的五星图形

图5-45 绘制的六边形

(22) 将工具箱中的前景色设置为黑色，再单击工具箱中的 T 按钮，在画面中输入如图 5-46 所示的文字，然后用与步骤 10 相同的方法，将文字的间距调整成如图 5-47 所示的形态。

图5-46 输入的文字

图5-47 调整间距后的文字形态

至此，标志已绘制完成，其整体效果如图 5-25 所示。

(23) 选择菜单栏中的【文件】/【存储】命令，将其命名为 "标志设计.psd" 进行保存。

案例小结

本案例利用矢量图形工具绘制了一个标志图形。矢量图形工具在类似于标志、卡通等图形绘制中的作用非常重要，希望读者能够将其熟练掌握。

一、【矩形】工具

当工具箱中的 □ 按钮处于激活状态时，单击属性栏中的 ▾ 按钮，系统弹出如图 5-48 所示的【矩形选项】面板。

- 【不受限制】选项：选中此单选钮后，在图像文件中拖曳鼠标可绘制任意大小和任意长宽比例的矩形。
- 【方形】选项：选中此单选钮后，在图像文件中拖曳鼠标可以绘制正方形。
- 【固定大小】选项：选中此单选钮后，在后面的文本框中设置固定的长宽值，再在图像文件中拖曳鼠标，只能绘制固定大小的矩形。

图5-48 【矩形选项】面板

- 【比例】选项：选中此单选钮后，在后面的窗口中设置矩形的长宽比例，再在图像文件中拖曳鼠标，只能绘制设置的长宽比例的矩形。
- 【从中心】选项：勾选此复选框后，在图像文件中以任何方式创建矩形时，鼠标指针的起点都为矩形的中心。
- 【对齐像素】选项：勾选此复选框后，矩形的边缘同像素的边缘对齐，使图形边缘不会出现锯齿效果。

二、【圆角矩形】工具

【圆角矩形】工具 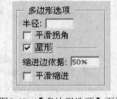 的用法和属性栏都同【矩形】工具相似，只是属性栏中多了一个【半径】选项，此选项主要用于设置圆角矩形的平滑度，数值越大，边角越平滑。

三、【椭圆】工具

【椭圆】工具 的用法及属性栏与【矩形】工具的相同，在此不再赘述。

四、【多边形】工具

【多边形】工具 工具是绘制正多边形或星形的工具。在默认情况下，激活此按钮后，在图像文件中拖曳鼠标可绘制正多边形。当在属性栏的【多边形选项】面板中勾选【星形】复选框后，再在图像文件中拖曳鼠标可绘制星形。

【多边形】工具的属性栏也与【矩形】工具的相似，只是多了一个【边】选项，在此选项右边的文本框中设置相应的参数，可以设置多边形或星形的边数。另外，单击属性栏中的 按钮，系统将弹出如图 5-49 所示的【多边形选项】面板。

图5-49 【多边形选项】面板

- 【半径】选项：用于设置多边形或星形的半径长度。在右侧文本框中设置相应的参数后，在图像窗口中拖曳鼠标，则只能绘制固定大小的正多边形或星形。
- 【平滑拐角】选项：勾选此复选框后，在图像文件中拖曳鼠标，可以绘制圆角效果的正多边形或星形。
- 【星形】选项：勾选此复选框后，在图像文件拖曳鼠标，可以绘制边向中心位置缩进的星形图形。
- 【缩进边依据】选项：在右边的窗口中设置相应的参数，可以限定边缩进的程度，取值范围为"1%～99%"，数值越大，缩进量越大。只有勾选了【星形】复选框后，此选项才可以进行设置。
- 【平滑缩进】选项：勾选此复选框可以使多边形的边平滑地向中心缩进。

五、【直线】工具

【直线】工具 的属性栏也与【矩形】工具的相似，只是多了一个【粗细】选项，在此选项右边的文本框中设置相应的参数，可以设置绘制线段或箭头的粗细。另外，单击属性栏中的 按钮，系统将弹出如图 5-50 所示的【箭头】面板。

图5-50 【箭头】面板

- 【起点】选项：勾选此复选框后，在绘制线段时起点处带有箭头。
- 【终点】选项：勾选此复选框后，在绘制线段时终点处带有箭头。
- 【宽度】选项：在后面的文本框中设置相应的参数，可以确定箭头宽度与线段宽度的百分比。

- 【长度】选项：在后面的文本框中设置相应的参数，可以确定箭头长度与线段长度的百分比。
- 【凹度】选项：在后面的文本框中设置相应的参数，可以确定箭头中央凹陷的程度。值为正值时，箭头尾部向内凹陷；为负值时，箭头尾部向外凸出；值为"0"时，箭头尾部平齐，如图 5-51 所示。

图5-51 当数值设置为"50"、"–50"和"0"时绘制的箭头图形

六、【自定形状】工具

【自定形状】工具  的属性栏也与【矩形】工具的相似，只是多了一个【形状】选项，单击此选项后面的文本框，系统会弹出如图 5-52 所示的【自定形状选项】面板。

在面板中选择所需要的图形，然后在图像文件中拖曳鼠标，即可绘制相应的图形。

单击其右上角的 ⊙ 按钮，在弹出的下拉菜单中选择【全部】命令，即可以将全部的图形显示，如图 5-53 所示。

图5-52 【自定形状选项】面板

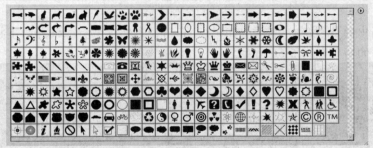

图5-53 全部显示的图形

5.1.3 应用【路径】面板制作霓虹灯效果

在图像文件中创建工作路径后，选择菜单栏中的【窗口】/【路径】命令，即可调出【路径】面板。

命令简介

- ○ （将路径作为选区载入）按钮：可以将图像文件中的路径转换为选区。
- ◇ （将选区生成工作路径）按钮：可将选区转换为工作路径。
- ● （用前景色填充路径）或 ○ （用画笔描绘路径）按钮：利用它们可以制作出各种复杂的图形效果。

【例5-4】 制作霓虹灯效果。

利用路径、【画笔】工具和【路径】面板的结合使用制作霓虹灯效果，在描绘路径时，要注意画笔笔尖大小和前景色的随时设置。制作完成的霓虹灯效果如图 5-54 所示。

图5-54 制作完成的霓虹灯效果

操作步骤

(1) 选择菜单栏中的【文件】/【新建】命令，新建【宽度】为"25 厘米"，【高度】为"15 厘米"，【分辨率】为"120 像素/英寸"，【颜色模式】为"RGB 颜色"，【背景内容】为"黑色"的文件。

(2) 利用工具箱中的 🖋 工具和 🔧 工具，绘制并调整出如图 5-55 所示的路径。

图5-55 绘制的路径

(3) 单击工具箱中的 ▶ 按钮，按住 Alt 键，在路径上按下鼠标左键并向下拖曳移动复制路径，复制出的路径如图 5-56 所示。

图5-56 移动复制出的路径

(4) 选择菜单栏中的【编辑】/【自由变换路径】命令，为复制出的路径添加自由变换框，并在变形框内单击鼠标右键，在弹出的快捷菜单中选择【垂直翻转】命令，将路径翻转，将翻转后的路径移动至如图 5-57 所示的位置。

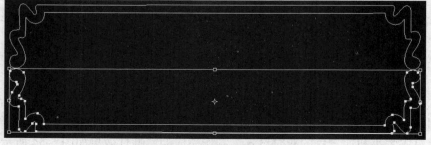

图5-57 路径放置的位置

(5) 按 Enter 键确认路径的变换操作,然后利用 工具,在路径外的其他区域单击,取消路对路径的选择。

(6) 单击工具箱中的 按钮,在属性栏中的 按钮上单击,在弹出的【画笔】选项面板中设置【主直径】参数为 "10 像素",【硬度】参数为 "0%"。然后将属性栏中【不透明度】的参数设置为 "50%"。

(7) 单击【图层】面板下方的 按钮,新建 "图层 1",然后将工具箱中的前景色设置为红色(C:0,M:98,Y:100,K:0)。

(8) 打开【路径】面板,单击面板底部的 按钮,用设置的画笔笔头描绘路径,效果如图5-58 所示。

图5-58 描绘路径后的效果

(9) 用与步骤 6 相同的方法,将画笔的【主直径】参数设置为 "3 像素",然后将属性栏中【不透明度】的参数设置为 "100%"。

(10) 单击【图层】面板下方的 按钮,新建 "图层 2",然后将工具箱中的前景色设置为深黄色(C:0,M:25,Y:100,K:0)。

(11) 单击【路径】面板底部的 按钮,进行路径的描绘,然后在【路径】面板中的灰色区域处单击,隐藏路径,描绘路径后的效果如图 5-59 所示。

图5-59 描绘路径后的效果

(12) 新建 "图层 3",然后单击工具箱中的 按钮,按住 Shift 键绘制出如图 5-60 所示的圆形选区。

(13) 按 Alt+Ctrl+D 组合键,在弹出的【羽化选区】对话框中将【羽化半径】的参数设置为 "2 像素",然后单击 好 按钮。

(14) 将工具箱中的前景色设置为黄色(C:5,M:5,Y:72,K:0),然后按 Alt+Dletet 组合键,为羽化后的选区填充前景色,效果如图 5-61 所示。

(15) 选择菜单栏中的【选择】/【修改】/【收缩】命令，在弹出的【收缩选区】对话框中设置【收缩量】参数为 "3 像素"，然后单击 好 按钮，收缩后的选区形态如图 5-62 所示。

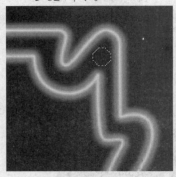
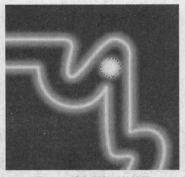
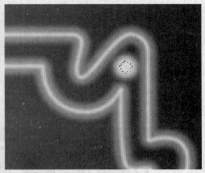

图5-60 绘制的选区　　　　　　图5-61 填充颜色后的效果　　　　　　图5-62 收缩后的选区形态

(16) 为收缩后的选区填充上白色，效果如图 5-63 所示，然后按 Ctrl+D 组合键去除选区。

(17) 按住 Ctrl 键，单击【图层】面板中的 "图层 3"，为其添加选区。

(18) 单击工具箱中的 按钮，按住 Alt 键在选区内按住鼠标左键拖曳，在霓虹灯的周围移动复制出一圈小的圆形，然后去除选区，复制的图形如图 5-64 所示。

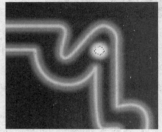

图5-63 填充颜色后的效果　　　　　　　　　图5-64 复制出的圆形

(19) 将工具箱中的前景色设置为紫色（C:50,M:100,Y:0,K:0），然后单击工具箱中的 T 按钮，在画面中输入如图 5-65 所示的文字。

图5-65 输入的文字

(20) 选择菜单栏中的【图层】/【栅格化】/【文字】命令，将文本层转换为普通层，然后按住 Ctrl 键单击文字所在的图层，为其添加选区。

(21) 单击【路径】面板右上角的 按钮，在弹出的下拉列表中选择【建立工作路径】命令，弹出【建立工作路径】对话框，如图 5-66 所示。

(22) 单击 好 按钮，将添加的选区将转换成路径，此时在【路径】面板中将自动生成 "工作路径"。

(23) 在 "工作路径" 上双击鼠标左键，弹出如图 5-67 所示的【存储路径】对话框，单击

【好】按钮将路径保存，然后在【路径】面板的灰色区域中单击，将路径隐藏。

建立工作路径	×
容差(T)：0.5　像素	【好】
	取消

图5-66　【建立工作路径】对话框

存储路径	×
名称(N)：路径 2	【好】
	取消

图5-67　【存储路径】对话框

(24) 选择菜单栏中的【滤镜】/【模糊】/【高斯模糊】命令，在弹出的【高斯模糊】对话框中设置【半径】参数为"4 像素"，然后单击【好】按钮，执行【高斯模糊】命令后的文字效果如图 5-68 所示。

图5-68　执行【高斯模糊】命令后的文字效果

(25) 新建"图层 4"，并将前景色设置为浅紫色（C:15,M:50,Y:0,K:0），然后在【路径】面板中单击"路径 2"，将文字路径显示。

(26) 单击工具箱中的 ✎ 按钮，设置【主直径】为"6 像素"，然后对路径进行描绘，效果如图 5-69 所示。

图5-69　描绘路径后的效果

(27) 将工具箱中的前景色设置为白色，然后设置画笔【主直径】为"1 像素"，并对路径再次进行描绘，再将路径隐藏，描绘后的效果如图 5-70 所示。

图5-70　描绘路径后的效果

(28) 利用工具箱中的 ✍ 工具和 ◥ 工具，绘制并调整出如图 5-71 所示的路径。

图5-71 绘制的路径

(29) 用与前面描绘路径相同的方法，通过设置不同的前景色及画笔笔头大小，对绘制的路径进行描绘，效果如图 5-72 所示。

图5-72 描绘路径后的效果

(30) 单击工具箱中的 按钮，并将其属性栏中的 按钮激活，然后在属性栏中的 按钮处单击，在弹出的【自定形状】选项面板中单击右上角的 按钮。

(31) 在弹出的下拉菜单中选择【全部】命令，然后在弹出的【Adobe Photoshop】提示对话框中单击 好 按钮。

(32) 在【自定形状】选项面板中分别选择如图 5-73 所示的皇冠和五星形状，然后将鼠标指针移动到画面中，依次绘制如图 5-74 所示的路径。

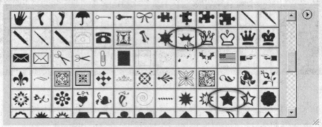

图5-73 【自定形状】选项面板

图5-74 绘制出的路径

(33) 用与前面描绘路径相同的方法，通过设置不同的前景色及画笔笔头大小，对绘制的路径进行描绘，效果如图 5-75 所示。

图5-75 描绘路径后的效果

(34) 至此，霓虹灯效果制作完成，选择菜单栏中的【文件】/【存储】命令，将此文件命名为"绘制霓虹灯.psd"进行保存。

 案例小结

本案例通过霓虹灯效果的制作，主要介绍了【路径】面板中描绘路径功能的使用，下面介绍【路径】面板中其他按钮的功能。

- ⬤（填充）按钮：单击此按钮，将以前景色填充创建的路径。
- ◯（描边）按钮：单击此按钮，将以前景色为创建的路径进行描边，其描边宽度为 1 个像素。
- ◌（转换为选区）按钮：单击此按钮，可以将创建的路径转换为选区。
- ◠（转换为路径）按钮：确认图形文件中有选区，单击此按钮，可以将选区转换为路径。
- ◰（新建）按钮：单击此按钮，可在【路径】面板中新建一路径。若【路径】面板中已经有路径存在，将鼠标指针放置到创建的路径名称处，按下鼠标左键向下拖曳至此按钮处释放鼠标左键，可以完成路径的复制。
- 🗑（删除）按钮：单击此按钮，可以删除当前选择的路径。也可以将想要删除的路径直接拖曳至此按钮处释放鼠标左键，即可完成路径的删除。

 要点提示 在【路径】面板中的灰色区域内单击鼠标，可将路径在图像文件中隐藏。再次单击路径的名称，即可将路径重新显示在图像文件中。

 5.2 实训练习

通过本章案例的学习，读者自己动手进行以下实训练习。

5.2.1 利用路径工具选取图像

利用路径工具选择背景中的人物图像，然后将其移动到场景中，合成如图 5-76 所示的效果。

图5-76 选取人物合成的效果

5.2.2 制作缝线效果

灵活运用【画笔】面板中的选项及参数设置，制作如图 5-77 所示的缝线效果。

图5-77 制作的缝线效果

操作步骤

(1) 新建【宽度】为 "10 厘米"，【高度】为 "2.5 厘米"，【分辨率】为 "72 像素/英寸"，【颜色模式】为 "RGB 颜色"，【背景内容】为 "黑色" 的文件。

(2) 选择菜单栏中的【编辑】/【定义画笔预设】命令，在弹出的【画笔名称】对话框中将【名称】选项设置为 "线段"，然后单击 好 按钮，将文件定义为画笔。

(3) 打开素材文件中名为 "卡通路径.jpg" 的图片文件。

(4) 打开【路径】面板，单击 "路径 1"，将保存的卡通图形的路径显示，如图 5-78 所示。

(5) 新建"图层1",设置工具箱中的前景色为黑色。

(6) 单击工具箱中的 ✐ 按钮,在属性栏中的 ▤ 按钮上单击,弹出【画笔预设】面板,设置选项及参数如图5-79所示。

图5-78 显示的卡通图形路径

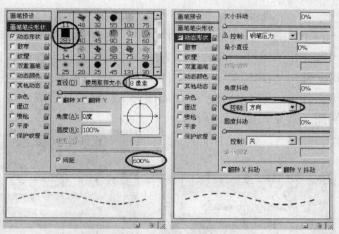

图5-79 【画笔预设】面板

(7) 单击【路径】面板底部的 ◯ 按钮,利用设置的笔尖描绘路径,将路径隐藏后即可完成缝线效果。

操作与练习

一、填空题

1. 路径是由多个节点组成的_____,放大或缩小图像对其_____影响,它可以将一些利用其他工具选择不够精确的_____转换为路径后再进行编辑和微调,然后再转换为_____进行处理。

2. 在图像文件中创建的路径有两种形态,分别为_____和_____。

3. 【矢量图形】工具主要包括_____工具、_____工具、_____工具、_____工具、_____工具和_____工具。

二、选择题

1. 对创建路径进行编辑调整的工具有( )。

A.【路径】工具   B.【添加锚点】或【删除锚点】工具

C.【转换点】工具   D.【路径选择】或【直接选择】工具

2. 在图像文件中,同一个工作路径中的子路径之间可以进行( )。

A. 运算操作   B. 对齐操作   C. 分布操作

3. 在【路径】面板中,对绘制的路径可以进行描绘的按钮是( )。

A. ▢   B. ▢   C. ▢   D. ▢

三、简答题

1. 简述【路径选择】工具的使用方法。

2. 简述【直接选择】工具的使用方法。

四、操作题

1. 利用路径工具及文字工具绘制如图 5-80 所示的标志图形。

2. 将本书素材文件中"图库\第 05 章"目录下名为"T5-04.jpg"的汽车图片文件打开，如图 5-81 所示。用本章介绍的路径工具的使用方法，将汽车选择后移动到素材文件中"图库\第 05 章"目录下名为"T5-03.jpg"的图像文件中，"T5-03.jpg 图片如图 5-82 所示，合成后最终的图像效果如图 5-83 所示。

图5-80 绘制完成的标志

图5-81 打开的汽车图片

图5-82 打开的场景图片

图5-83 选择汽车图片后合成的图像效果

3. 打开本书素材文件中"图库\第 05 章"目录下名为"T5-05.jpg"的建筑物图片，如图 5-84 所示。利用介绍的描绘路径方法在建筑物上制作霓虹灯效果，如图 5-85 所示。

图5-84 打开的建筑物图片

图5-85 制作的霓虹灯效果

第6章 文字和其他工具应用

　　文字的运用是平面设计中非常重要的一部分，从 Photoshop 6.0 版本开始，文字工具的功能就有了一个质的飞跃，而 Photoshop CS 又进一步完善了文字工具的功能，可以沿路径输入文字。另外，除了前面几章介绍的分类工具和本章要介绍的文字工具以外，Photoshop CS 工具箱中还有许多其他工具，如【切片】、【注释】、【吸管】等工具。虽然这些工具的运用不是很多，但它们在图像处理过程中也是必不可少的，熟练掌握这些工具的使用，有助于提高读者对 Photoshop 的整体认识和在图像处理过程中操作的灵活性。

学习目标

- ● 熟悉文字工具的类型。
- ● 学会文字的输入、编辑和变形的方法。
- ● 熟悉【裁切】工具的功能。
- ● 熟悉【切片】工具的功能。
- ● 熟悉【注释】和【语音注释】工具的功能。
- ● 学会【吸管】、【颜色取样器】和【度量】工具的应用。
- ● 学会界面模式的显示设置。
- ● 熟悉【在 ImageReady 中编辑】窗口按钮。

6.1 文字工具

　　文字工具主要包括【横排文字】、【直排文字】、【横排文字蒙版】和【直排文字蒙版】4个工具，按 Shift+T 组合键，可以在这4个工具之间进行切换。

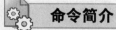 命令简介

- ● 【横排文字】工具 T ：可以在图像文件中创建水平文字，且在【图层】面板中建立新的文字图层。
- ● 【直排文字】工具 T ：可以在图像文件中创建垂直文字，且在【图层】面板中建立新的文字图层。
- ● 【横排文字蒙版】工具 T ：可以在图像文件中创建水平文字形状的选区，且在【图层】面板中不建立新的图层。
- ● 【直排文字蒙版】工具 T ：可以在图像文件中创建垂直文字形状的选区，且在【图层】面板中不建立新的图层。

6.1.1 文字工具基本应用练习

【例6-1】 设计电子杂志。

　　本案例将设计电子杂志，在设计过程中主要介绍文字工具的基本使用方法，设计完成的电子杂志如图 6-1 所示。

图6-1 设计完成的电子杂志

操作步骤

(1) 选择菜单栏中的【文件】/【新建】命令，新建【宽度】为 "21 厘米"，【高度】为 "15 厘米"，【分辨率】为 "150 像素/英寸"，【颜色模式】为 "RGB 颜色"，【背景内容】为 "白色" 的文件。

(2) 单击工具箱中的 ▢ 按钮，激活属性栏中 ▢ 按钮，再单击 ▭ 按钮，在弹出的【渐变编辑器】窗口中设置渐变颜色参数如图 6-2 所示，然后单击 ▭ 好 ▭ 按钮。

(3) 将鼠标指针移动到画面的中心位置，按下鼠标左键并向下拖曳，为 "背景" 层填充设置的径向渐变色，效果如图 6-3 所示。

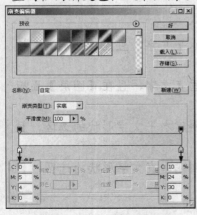

图6-2 【渐变编辑器】窗口

图6-3 填充渐变色后的效果

(4) 选择菜单栏中的【文件】/【打开】命令，打开素材文件中名为"图案.psd"的图片文件，如图 6-4 所示。

(5) 单击工具箱中的 ⊕ 按钮，按住 Shift 键将"图案"移动复制到新建文件中生成"图层 1"。

(6) 将"图层 1"的图层混合模式设置为"亮度"，更改混合模式后的效果如图 6-5 所示。

图6-4 打开的图片文件　　　　　　　　　　图6-5 更改混合模式后的效果

(7) 单击【图层】面板下方的 ◎ 按钮，为"图层 1"添加图层蒙版，然后选择 ✎ 工具，在画面中描绘黑色蒙版编辑，效果如图 6-6 所示。

(8) 打开素材文件中名为"人物.psd"的图片文件，然后将其移动复制到新建文件中生成"图层 2"。

(9) 按 Ctrl+T 组合键，为"图层 2"中的内容添加自由变换框，并在变形框内单击鼠标右键，在弹出的快捷菜单中选择【水平翻转】命令将图像翻转，然后将其调整至如图 6-7 所示的大小及位置。

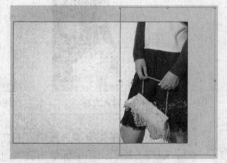

图6-6 编辑蒙版后的效果　　　　　　　　　　图6-7 水平翻转后的图像效果

(10) 按 Enter 键确认图像的变换操作，然后按 Ctrl+L 组合键，弹出【色阶】对话框，设置各项参数如图 6-8 所示。

(11) 单击 好 按钮，调整后的图像效果如图 6-9 所示。

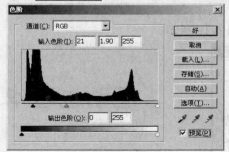

图6-8 【色阶】对话框　　　　　　　　　　图6-9 调整后的图像效果

(12) 单击工具箱中的 T 按钮，然后单击 Windows 界面右下角的 按钮，在弹出的输入法菜单中选择如图 6-10 所示的输入法，其输入法图标如图 6-11 所示。

| 中文 (中国) |
| P QQ拼音输入法 |
| S 搜狗拼音输入法 |
| ✓ 智能ABC输入法 5.0 版 |
| 中文 (简体) - 全拼 |
| 王码五笔型输入法86版 |
| 显示语言栏 (S) |

图6-10　选择的输入法

图6-11　输入法图标

 要点提示　按 Ctrl+Shift 组合键，可在 Windows 系统安装的输入法之间进行切换；按 Ctrl+空格键，可以在当前使用的输入法与英文输入法之间进行切换；当选择英文输入法时，反复按 Caps Lock 键，可以在输入英文字母的大小写之间进行切换。

如果读者的计算机中安装有其他的输入法，可自行选择其他的输入法输入文字。

(13) 将工具箱中的前景色设置为红色（C:12,M:90,Y:100,K:5），然后在画面中单击鼠标左键，单击的位置将出现如图 6-12 所示的文本输入光标。

(14) 此时可以开始输入文字，如要输入"运动也奢华"5 个字，在键盘中依次按其拼音字母即可，其文字输入框的形态如图 6-13 所示。

(15) 输入完文字的拼音字母后，按空格键或 Enter 键确认，此时将弹出如图 6-14 所示的文字选择菜单。

(16) 在菜单中的"运"字位置单击，即可将该字选择，状态如图 6-15 所示。

图6-12　出现的文本输入光标

yundongyeshehua

图6-13　文字输入框

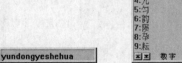 

图6-14　文字选择菜单　　　　图6-15　选择的文字

 要点提示　在文字选择菜单中选择输入的文字时，按 PageDown 键可以向下翻页，按 PageUp 键可以向上翻页，用鼠标单击文字可以将其选择，也可按键盘中此文字前面的数字将其选择。

(17) 用与步骤 15～16 相同的方法将文字选中，文字输入框的形态如图 6-16 所示。然后按空格键或 Enter 键，将文字输入到画面中，如图 6-17 所示。

(18) 单击属性栏中的 ✓ 按钮，确认文字的输入，然后单击 按钮，在弹出的【字符】面板中设置文字属性参数如图 6-18 所示，此时的文字效果如图 6-19 所示。

运动也奢华

图6-16　文字输入框的形态

运动也奢华

图6-17　输入到画面中的文字

图6-18　【字符】面板

运动也奢华

图6-19　修改参数后的文字

(19) 用与步骤 13～18 相同的方法，在画面中输入如图 6-20 所示的深褐色（C:35,M:90,Y:100,K:55）英文字母。

(20) 将工具箱中的前景色设置为黑色，单击工具箱中的 T 按钮，将鼠标指针移动到画面中按下鼠标左键并拖曳，可在画面中拖曳出一个文字定界框，如图 6-21 所示。

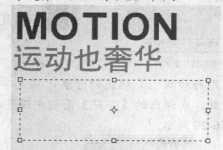

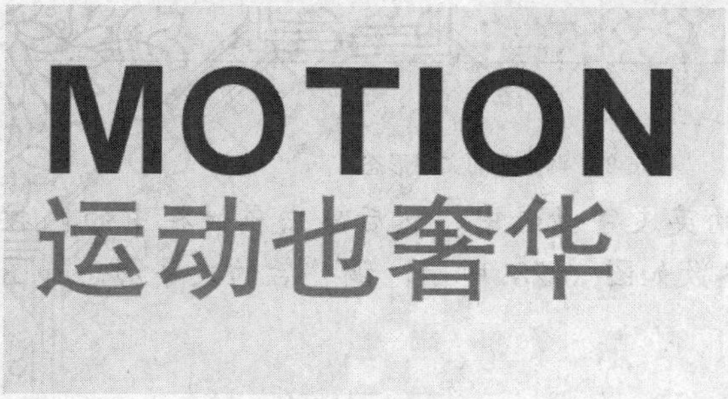
MOTION
运动也奢华

图6-20 输入的英文字母

MOTION
运动也奢华

图6-21 绘制出的文字定界框

(21) 用与步骤 13～18 相同的方法，在文本框内输入如图 6-22 所示的文字。

(22) 新建“图层 3”，然后利用 工具绘制出如图 6-23 所示的黑色矩形。

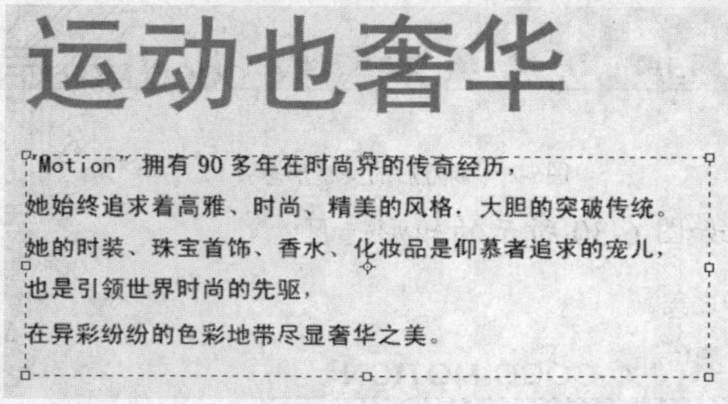
运动也奢华
“Motion” 拥有 90 多年在时尚界的传奇经历，
她始终追求着高雅、时尚、精美的风格，大胆的突破传统。
她的时装、珠宝首饰、香水、化妆品是仰慕者追求的宠儿，
也是引领世界时尚的先驱，
在异彩纷纷的色彩地带尽显奢华之美。

图6-22 输入的文字

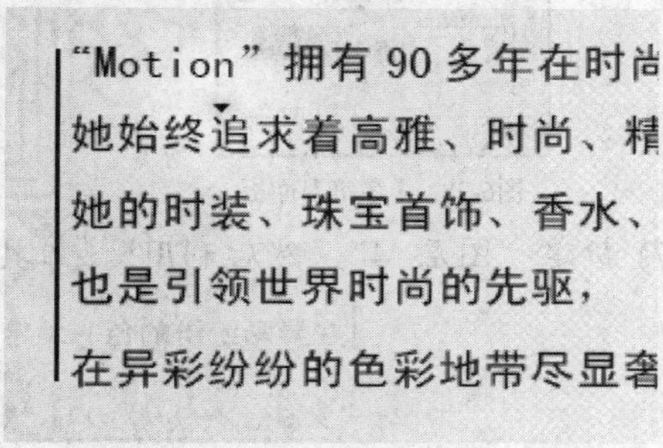
“Motion” 拥有 90 多年在时尚
她始终追求着高雅、时尚、精
她的时装、珠宝首饰、香水、
也是引领世界时尚的先驱，
在异彩纷纷的色彩地带尽显奢

图6-23 绘制的矩形

(23) 单击工具箱中的 T 按钮，在画面中输入如图 6-24 所示的红色（C:0,M:85,Y:65,K:0）文字及英文字母。

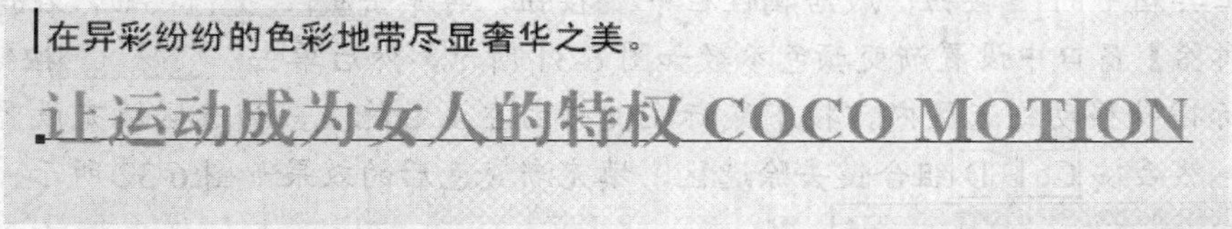
在异彩纷纷的色彩地带尽显奢华之美。
让运动成为女人的特权 COCO MOTION

图6-24 输入的文字及英文字母

(24) 将鼠标指针放置到“让”字的左侧位置，按下鼠标左键并向右拖曳，将“让”字选中，文字状态如图 6-25 所示。

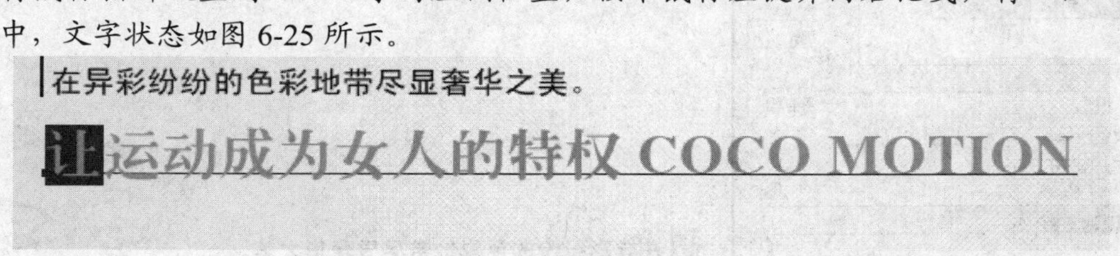
在异彩纷纷的色彩地带尽显奢华之美。
让运动成为女人的特权 COCO MOTION

图6-25 选择后的文字状态

(25) 单击属性栏中的 按钮，在弹出的【字符】面板中设置各项参数如图 6-26 所示，调整后的文字形态如图 6-27 所示。

字符 段落
创艺简老宋
20 点
(自动)
100%
100%
0%
25
0 点
颜色:
美国英语
锐利

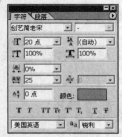

图6-26 【字符】面板

在异彩纷纷的色彩地带尽显奢华之美。
让运动成为女人的特权 COCO MOTION

图6-27 调整后的文字形态

(26) 用与步骤 24 相同的方法，将文字后面的英文字母选中，然后单击属性栏中的按钮，在弹出的【字符】面板中设置各项参数如图 6-28 所示，调整后的文字形态如图 6-29 所示。

字符 段落
Arial
Regular
10 点
(自动)
100%
100%
0%
25
0
0 点
颜色:
美国英语
锐利

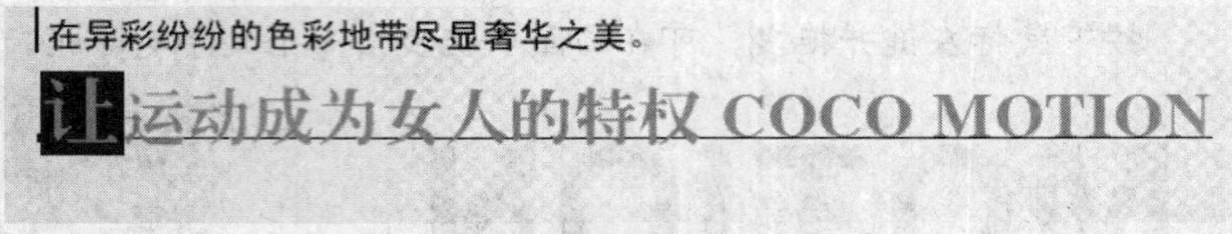

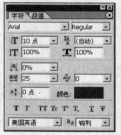

图6-28 【字符】面板

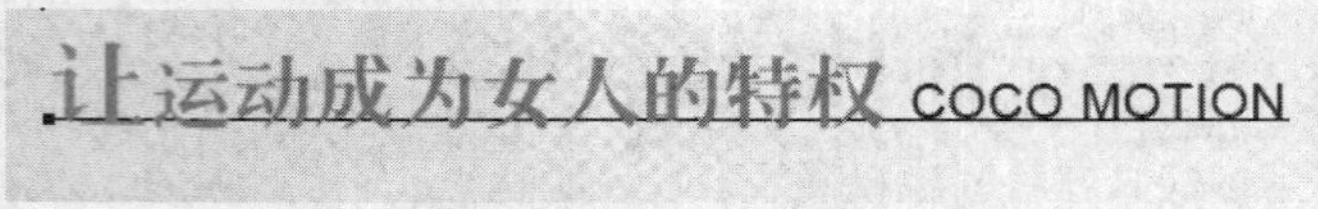

让运动成为女人的特权 COCO MOTION

图6-29 调整后的文字形态

(27) 新建“图层 4”，然后利用工具绘制出如图 6-30 所示的矩形选区。

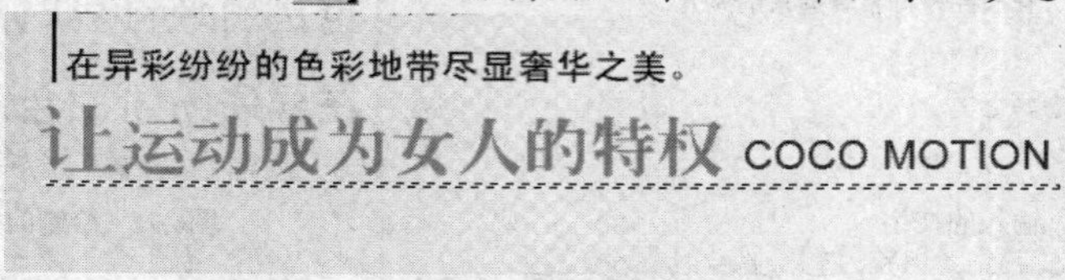

在异彩纷纷的色彩地带尽显奢华之美。
让运动成为女人的特权 COCO MOTION

图6-30 绘制的选区

(28) 单击工具箱中的按钮，激活属性栏中按钮，再单击按钮，在弹出的【渐变编辑器】窗口中设置渐变颜色参数如图 6-31 所示，然后单击 好 按钮。

(29) 将鼠标指针移动到选区内，按下鼠标左键并由左至右拖曳，为选区填充设置的线性渐变色，然后按 Ctrl+D 组合键去除选区，填充渐变色后的效果如图 6-32 所示。

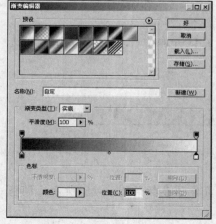

渐变编辑器
预设
好
取消
载入(L)...
存储(S)...
名称(N): 自定
新建(W)
渐变类型(T): 实底
平滑度(M): 100 %
色标
颜色:
位置(C): 100 %
删除(D)

图6-31 【渐变编辑器】窗口

在异彩纷纷的色彩地带尽显奢华之美。
让运动成为女人的特权 COCO MOTION

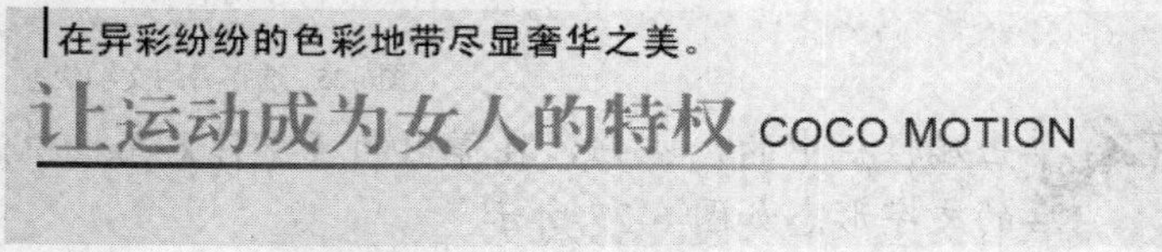

图6-32 填充渐变色后的效果

(30) 选择菜单栏中的【文件】/【打开】命令，打开素材文件中名为"人物 01.jpg"的图片文件，然后将其移动复制到新建文件中生成"图层 5"。

(31) 按 Ctrl+T 组合键，为"图层 5"中的内容添加自由变换框，并将其调整至如图 6-33 所示的形态，然后按 Enter 键确认图像的变换操作。

(32) 选择菜单栏中的【图层】/【图层样式】/【混合选项】命令，在弹出的【图层样式】对话框中设置各项参数如图 6-34 所示。

图6-33 调整后的图像形态

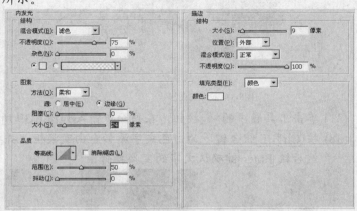

图6-34 【图层样式】对话框

(33) 单击 ___好___ 按钮，添加图层样式后的图像效果如图 6-35 所示。

(34) 用与步骤 30~33 相同的方法，依次将素材文件中名为"人物 02.jpg"和"人物 03.jpg"的图片移动复制到新建文件中，分别生成"图层 6"和"图层 7"，然后将其调整大小及角度后为其添加【内发光】和【描边】样式层，制作出如图 6-36 所示的图像效果。

图6-35 添加图层样式后的图像效果

图6-36 制作出的图像效果

(35) 新建"图层 8"，利用 ▢ 工具，依次绘制出如图 6-37 所示的粉红色（C:0,M:85,Y:65,K:0）矩形，然后按 Ctrl+D 组合键去除选区。

(36) 按 Ctrl+T 组合键，为"图层 8"中的图形添加自由变换框，并将其调整至如图 6-38 所示的形态，然后按 Enter 键确认图形的变换操作。

图6-37 绘制的图形

图6-38 调整后的图形形态

(37) 单击工具箱中的 T 按钮，在画面中输入如图 6-39 所示的白色文字。

(38) 按 Ctrl+T 组合键，为白色文字添加自由变换框，并将其调整至如图 6-40 所示的形态，然后按 Enter 键确认文字的变换操作。

图6-39 输入的文字

图6-40 变换后的文字形态

(39) 按 Ctrl+E 组合键，将"MOTION 运动"文字层向下合并为"图层 8"，然后将"图层 8"复制生成为"图层 8 副本"层，并将复制出的图形移动至如图 6-41 所示的位置。

(40) 单击工具箱中的 T 按钮，在画面的左下方输入如图 6-42 所示的深灰色（C:55,M:60,Y55,K:30）文字。

图6-41 图形放置的位置

图6-42 输入的文字

(41) 继续利用 T 工具，在画面中输入黑色的"天才设计延续经典风范"文字，然后选择菜单栏中的【图层】/【图层样式】/【描边】命令，弹出【图层样式】对话框，设置各项参数如图 6-43 所示。

(42) 单击 好 按钮，添加描边样式后的文字效果如图 6-44 所示。

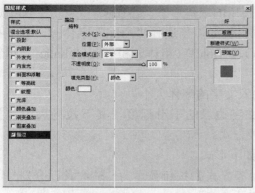

图6-43 【图层样式】对话框

图6-44 添加描边样式后的文字效果

(43) 选择菜单栏中的【图层】/【栅格化】/【文字】命令，将文本层转换为普通层，然后利用  工具，绘制出如图 6-45 所示的矩形选区，将"设计"两字选择。

(44) 单击工具箱中的 按钮，在选区内按住鼠标左键并向上拖曳，将"设计"两字移动至如图 6-46 所示的位置，然后按 Ctrl+D 组合键去除选区。

图6-45 绘制的选区

图6-46 文字放置的位置

(45) 单击工具箱中的 T 按钮，在画面中输入如图 6-47 所示的白色英文字母。

图6-47 输入的英文字母

至此，电子杂志已设计完成，其整体效果如图 6-1 所示。

(46) 选择菜单栏中的【文件】/【存储为】命令，将其另命名为"电子杂志.psd"进行保存。

案例小结

本案例通过电子杂志设计主要介绍了文字的输入方法，在文字工具的属性栏中还有很多选项和按钮，下面作详细介绍。

一、文字工具的属性栏

4 种文字工具的属性栏内容基本相同，只有【对齐方式】按钮在选择【水平文字】工具或【垂直文字】工具时不同，【水平文字】工具的属性栏如图 6-48 所示。

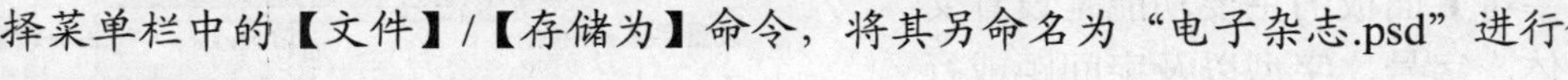

图6-48 【水平文字】工具的属性栏

(1) （更改文本方向）按钮：单击此按钮，可以将选择的水平方向文字转换为垂直方向，或将选择的垂直方向文字转换为水平方向。

(2) Arial （字体）选项：设置输入文字使用的字体。可以先将输入的文字选择后，再在此选项的下拉列表中重新设置字体类型。

(3) Regular（字型）选项：设置输入文字使用的字体形态，当在 Arial 中选择不同的字体时，其下拉列表中的选项也会不同。例如，当选择"Arial"字体时，其下拉列表中则为"Regular"（规则的）、"Italic"（斜体）、"Bold"（粗体）和"Bold Italic"（粗斜体）4个选项。

(4) T 14 点（字体大小）选项：设置输入文字的字体大小。

(5) aa 平滑（消除锯齿）选项：设置文字边缘的平滑程度，其下拉列表中包括"无"、"锐利"、"犀利"、"浑厚"和"平滑"5种方式。

(6) 在选择不同的工具时，对齐方式按钮有如下形式。

- 当在工具箱中选择 T 和 T 工具时，【对齐方式】按钮显示为 ，分别为"左对齐文本"、"居中文本"和"右对齐文本"。

- 当在工具箱中选择 T 和 T 工具时，【对齐方式】按钮显示为 ，分别为"顶对齐文本"、"居中文本"和"底对齐文本"。

(7) ■（设置文本颜色）选项：设置输入文字的颜色。单击此色块，在弹出的【拾色器】对话框中修改选择文字的颜色。

(8) （创建变形文本）按钮：设置输入文字的变形效果。只有在文件中输入文本后，此按钮才可使用（具体操作参见6.1.2小节）。

(9) （切换字符和段落调板）按钮：单击此按钮，可显示或隐藏【字符】和【段落】面板。

利用工具箱中的文字工具，在图像文件中创建或修改文字时，其属性栏即变为如图6-49所示的形态。

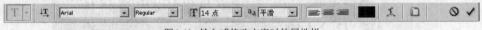

图6-49 输入或修改文字时的属性栏

输入或修改文字后，单击属性栏中的 （取消）按钮，将取消刚才的输入或修改操作。单击属性栏中的 （确定）按钮，将确认刚才的输入或修改操作。

二、【字符】面板

【字符】面板的主要功能是设置文字的字体、字号、字型以及字间距或行间距等，其面板如图6-50所示。

【字符】面板中的"设置字体"、"设置字型"、"设置字体大小"、"设置文字颜色"和"消除锯齿"选项与属性栏中的选项功能相同。

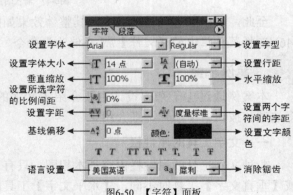

图6-50 【字符】面板

- "设置行距"选项：设置输入文本行与行之间的距离。

- "垂直缩放"选项：设置文字的高度。

- "水平缩放"选项：设置文字的宽度。

- "设置所选字符的比例间距"选项：设置所选字符的间距缩放比例，用户可以在其下拉列表中选择"0%～100%"的缩放数值。

- "设置字距"选项：设置输入文本字与字之间的距离。

- "设置两个字符间的字距"选项：设置相邻两个字符间的距离，在设置此选项时不需要选择字符，只需在要调整字距的字符间单击以指定插入点，然后再设置相应的参数即可。
- "基线偏移"选项：设置文字在默认高度基础上向上或向下偏移的高度。
- "语言设置"选项：在其下拉列表中可选择不同国家的语言方式，主要包括美国、英国、法国、德国等。

【字符】面板中各按钮的含义分别介绍如下。

- **T**（仿粗体）按钮：可以将当前选择的文字加粗显示。
- *T*（仿斜体）按钮：可以将当前选择的文字倾斜显示。
- **TT**（全部大写字母）按钮：可以将当前选择的小写字母变为大写字母显示。
- **Tr**（小型大写字母）按钮：可以将当前选择的字母变为小型大写字母显示。
- **T¹**（上标）按钮：可以将当前选择的文字变为上标显示。
- **T₁**（下标）按钮：可以将当前选择的文字变为下标显示。
- **T**（下画线）按钮：可以在当前选择的文字下方添加下画线。
- **F**（删除线）按钮：可以在当前选择的文字中间添加删除线。

三、【段落】面板

【段落】面板的主要功能是设置文字对齐方式以及缩进量，其面板形态如图 6-51 所示。

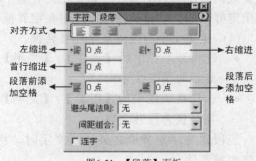

图6-51 【段落】面板

- **≡ ≡ ≡** 按钮：这 3 个按钮的功能是设置横向文本的对齐方式，分别为左对齐、居中对齐和右对齐。
- **≡ ≡ ≡ ≡** 按钮：只有在图像文件中选择段落文本时这 4 个按钮才可用。它们的功能是调整段落中最后一行的对齐方式，分别为左对齐、居中对齐、右对齐和两端对齐。

当选择竖向的文本时，【段落】面板最上一行各按钮的功能分述如下。

- **║║║ ║║║ ║║║** 按钮：这 3 个按钮的功能是设置竖向文本的对齐方式，分别为顶对齐、居中对齐和底对齐。
- **║║║ ║║║ ║║║ ║║║** 按钮：只有在图像文件中选择段落文本时，这 4 个按钮才可用。它们的功能是调整段落中最后一列的对齐方式，分别为顶对齐、居中对齐、底对齐和两端对齐。
- "左缩进"选项：用于设置段落左侧的缩进量。
- "右缩进"选项：用于设置段落右侧的缩进量。
- "首行缩进"选项：用于设置段落第 1 行的缩进量。
- "段落前添加空格"选项：用于设置每段文本与前一段的距离。
- "段落后添加空格"选项：用于设置每段文本与后一段的距离。
- 【避头尾法则】和【间距组合】选项：用于编排日语字符。
- 【连字】选项：勾选此复选框，允许使用连字符连接单词。

四、文字的转换

在 Photoshop 中，可以将输入的文字转换成工作路径和形状进行编辑，也可以将它进行栅格化处理。另外，还可以将输入的美工文字与段落文字进行互换，具体方法介绍如下。

(1) 将文字转换为工作路径。

在图像文件中输入文字后，按住 Ctrl 键单击【图层】面板中的文字图层，为输入的文字添加选区。打开【路径】面板，单击面板右上角的 ⊙ 按钮，在弹出的下拉菜单中选择【建立工作路径】命令，在弹出的【建立工作路径】对话框中，设置适当的【容差】值参数，然后单击 好 按钮，即可将文字转换为工作路径。

(2) 将文字层转换为普通图层。

在【图层】面板中文字图层上单击鼠标右键，在弹出的快捷菜单中选择【栅格化图层】命令，或选择菜单栏中的【图层】/【栅格化】/【文字】命令，即可将文字层转换为普通图层。

(3) 创建段落文字。

单击工具箱中的 T 按钮，将鼠标指针移动到图像文件中拖曳，生成一个文字定界框，在定界框内输入文字，即创建段落文字。当在文字定界框中输入的文字到了定界框的右边缘位置处，文字会自动换行。如果在定界框中输入了过多的文字，超出了定界框范围的大小，超出定界框的文字将被隐藏，此时在定界框右下角位置将会出现一个小的"田"字符号。

(4) 美工文字与段落文字相互转换。

- 选择菜单栏中的【图层】/【文字】/【转换为点文本】命令，可以将段落文字转换为美工文字。
- 选择菜单栏中的【图层】/【文字】/【转换为段落文本】命令，可以将美工文字转换为段落文字。

当段落文字定界框之外还有文字时，将段落文字转换为美工文字之后，定界框之外的文字将被删除。

6.1.2 文字工具的变形应用

【例6-2】 设计报纸稿。

本案例将通过一幅宽带网的报纸稿设计，介绍文字工具变形命令的应用，设计完成的报纸稿画面效果如图 6-52 所示。

图6-52 设计完成的报纸稿画面效果

操作步骤

(1) 选择菜单栏中的【文件】/【新建】命令，新建一个【高度】为 "15 厘米"，【宽度】为 "20 厘米"，【分辨率】为 "120 像素/英寸"，【颜色模式】为 "RGB 颜色"，【背景内容】为 "白色" 的文件。

(2) 将工具箱中的前景色设置为蓝色（C:100,M:80,Y:15,K:0），按 Alt+Delete 组合键，为新建的文件填充蓝色。

(3) 单击工具箱中的 按钮，按住 Shift 键在画面中绘制一个圆形选区，然后将其移动到如图 6-53 所示的位置。

(4) 在【图层】面板中新建一个 "图层 1"，再将工具箱中的前景色设置为黄色（C:0,M:0,Y:100,K:0），按 Alt+Delete 组合键，为选区填充黄色，然后按 Ctrl+D 组合键，将选区取消。

(5) 选择菜单栏中的【滤镜】/【模糊】/【高斯模糊】命令，在弹出的【高斯模糊】对话框中设置其参数，如图 6-54 所示。

(6) 参数设置完成后单击 好 按钮，执行【高斯模糊】命令后的画面效果如图 6-55 所示。

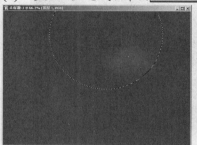 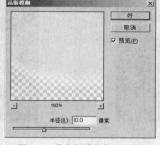 

图6-53 选区放置的位置　　　　图6-54 【高斯模糊】对话框　　　　图6-55 模糊后的效果

(7) 按住 Ctrl 键将鼠标指针移动到【图层】面板中 "图层 1" 的位置单击，为 "图层 1" 中的内容添加选区，如图 6-56 所示。

(8) 选择菜单栏中的【选择】/【羽化】命令，在弹出的【羽化选区】对话框中设置其参数如图 6-57 所示，然后单击 好 按钮。

(9) 在【图层】面板中新建一个 "图层 2" 图层，并将其放置在 "图层 1" 的下面。

(10) 将工具箱中的前景色设置为白色，按 Alt+Delete 组合键为选区填充白色，如图 6-58 所示，然后按 Ctrl+D 组合键将选区取消。

 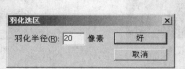 

图6-56 添加的选区　　　　图6-57 【羽化选区】对话框　　　　图6-58 填充白色后的画面效果

(11) 选择菜单栏中的【文件】/【打开】命令，打开素材文件中名为 "T6-02.psd" 的图片，如图 6-59 所示。

(12) 单击工具箱中的  按钮，将 "T6-02.psd" 图片移动复制到新建文件中，并将其放置到如图 6-60 所示的位置。

图6-59 打开的图片

图6-60 图片放置的位置

(13) 将工具箱中的前景色设置为蓝色（C:100,M:0,Y:0,K:0），然后单击工具箱中的 T 按钮，在画面中输入如图 6-61 所示的文字。

(14) 将 "佳节" 两字选中，如图 6-62 所示。

图6-61 输入的文字

图6-62 选择的文字

(15) 单击属性栏中的 █ 色块，在弹出的【拾色器】对话框中将颜色设置为洋红色（C:0,M:100,Y:0,K:0），然后单击 [好] 按钮，再单击属性栏中的 ✔ 按钮，确认文字的输入完成。

(16) 用与步骤 13～15 相同的方法，将 "e线" 两字设置为洋红色，效果如图 6-63 所示。

(17) 单击属性栏中的 工 按钮，在【变形文字】对话框中设置参数，如图 6-64 所示。

图6-63 修改颜色后的文字效果

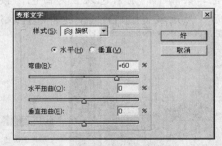

图6-64 【变形文字】对话框

(18) 参数设置完成后单击 [好] 按钮，文字变形后的效果如图 6-65 所示。

(19) 按 Ctrl+T 组合键为文字添加自由变换框，并将其旋转至如图 6-66 所示的形态。

图6-65 文字变形后的效果

图6-66 文字旋转形态

(20) 用前面介绍的方法，在画面中输入如图 6-67 所示的文字，然后将其选中。

(21) 单击属性栏中的 按钮，在弹出的【字符】面板中激活 T 按钮，将文字设置为斜体，然后将 "e 线" 两字选中。

(22) 在【字符】面板中设置参数如图 6-68 所示。修改基线偏移参数后的文字效果如图 6-69 所示，然后单击属性栏中的 按钮，确认文字的输入完成。

图6-67 输入的文字

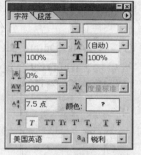
图6-68 【字符】面板的设置

图6-69 修改基线偏移参数后的文字位置

(23) 选择菜单栏中的【图层】/【图层样式】/【描边】命令，在弹出的【图层样式】对话框中设置其参数，如图 6-70 所示，【颜色】设置为白色。

(24) 参数设置完成后单击 好 按钮，执行【描边】命令后的文字效果如图 6-71 所示。

图6-70 【图层样式】对话框

图6-71 执行【描边】命令后的文字效果

(25) 用与步骤 20～24 相同的方法，在画面中输入如图 6-72 所示的文字。

(26) 在【图层】面板中新建一个 "图层 5"，并将其放置在文字 "情牵 e 线" 层的下面，然后将工具箱中的前景色设置为橘黄色（C:0, M:40,Y:100,K:0）。

(27) 单击工具箱中的 按钮，在画面中绘制一选区，再按 Alt+Delete 组合键，为选区填充橘黄色，然后按 Ctrl+D 组合键将选区取消，填充颜色后的图形效果如图 6-73 所示。

图6-72 输入的文字

图6-73 填充颜色后的图形效果

(28) 将工具箱中的前景色设置为黑色，然后单击工具箱中的 T 按钮，在画面中输入 "WWW.bdchina.com"，如图 6-74 所示。

(29) 按住 Ctrl 键将鼠标指针移动到【图层】面板中如图 6-75 所示的位置单击，为该层中的文字添加选区。

(30) 选择菜单栏中的【选择】/【羽化】命令，在弹出的【羽化选区】对话框中将【羽化半径】的参数设置为 "2" 像素，然后单击 好 按钮。

(31) 在【图层】面板中新建一个 "图层 6"，并将其放置到文字 "WWW.bdchina.com" 图层的下面。

(32) 将工具箱中的前景色设置为白色，按 Alt+Delete 组合键，为选区填充白色，制作出文字的光晕效果如图 6-76 所示，然后按 Ctrl+D 组合键将选区去除。

图6-74 输入的文字

图6-75 【图层】面板

图6-76 制作出的文字光晕效果

(33) 分别单击工具箱中的 工具和 按钮，在画面中绘制如图 6-77 所示的钢笔路径。

(34) 单击工具箱中的 按钮，然后单击其属性栏中的 按钮，在弹出的【画笔预设】面板中设置其参数如图 6-78 所示。

图6-77 绘制的钢笔路径

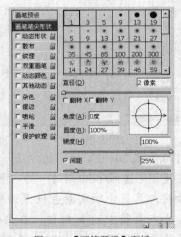

图6-78 【画笔预设】面板

(35) 将工具箱中的前景色设置为橘黄色（C:0,M:40,Y:100,K:0），然后单击【路径】面板底部的 按钮，用设置的橘黄色为路径描边。

(36) 单击工具箱中的 按钮，将鼠标指针移动到画面中路径位置，按下鼠标左键并拖曳，选择路径锚点，其状态如图 6-79 所示。

(37) 按 Delete 键删除所选的锚点，删除后的路径形态如图 6-80 所示。

图6-79 选择锚点时的状态

图6-80 删除锚点后的路径形态

(38) 单击工具箱中的 按钮，然后单击其属性栏中的 按钮，在弹出的【画笔预设】面板中设置其参数，如图 6-81 所示。

(39) 单击【路径】面板底部的 按钮，用设置的橘黄色为路径描边。

(40) 在【路径】面板底部单击 按钮，弹出如图 6-82 所示的【Adobe Photoshop】提示对话框，单击 是(Y) 按钮将路径删除，删除路径后的效果如图 6-83 所示。

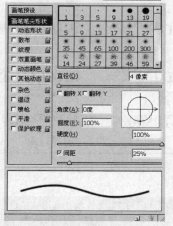
图6-81 【画笔预设】面板

图6-82 【Adobe Photoshop】提示对话框

图6-83 删除路径后的效果

(41) 利用工具箱中的文字工具，在画面中输入并制作出如图 6-84 所示的文字效果。

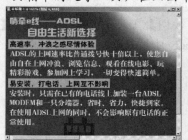

图6-84 输入并制作出的文字效果

(42) 选择菜单栏中的【文件】/【存储】命令，将其命名为"文字变形练习.psd"进行保存。

案例小结

单击属性栏中的 按钮，系统将弹出【变形文字】对话框，在此对话框中可以设置输入文字的变形效果。注意，此对话框中的选项默认状态都显示为灰色，只有在【样式】选项下拉列表中选择除"无"以外的其他选项后才可调整，如图 6-85 所示。

- 【样式】选项：设置文本最终的变形效果，单击其右侧窗口的 按钮，可弹出文字变形下拉列表，选择不同的选项，文字的变形效果也各不相同。
- 【水平】和【垂直】选项：设置文本的变形是在水平方向上，还是在垂直方向上进行。
- 【弯曲】选项：设置文本扭曲的程度。
- 【水平扭曲】选项：设置文本在水平方向上的扭曲程度。
- 【垂直扭曲】选项：设置文本在垂直方向上的扭曲程度。

选择不同的样式，文本变形后的不同效果如图 6-86 所示。

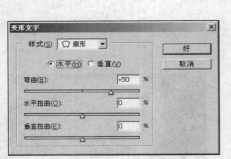

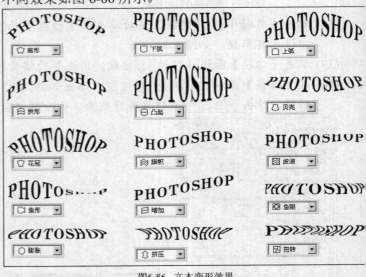

图6-85 【变形文字】对话框　　　　　　　图6-86 文本变形效果

6.2 其他工具

除了前面介绍的工具以外，工具箱中还包括【裁切】工具、【切片】工具、【注释】工具、【吸管】工具、【模式显示】工具、【在 ImageReady 中编辑】等工具。

命令简介

- 【裁切】工具 ：使用此工具，可以将图像文件中的多余部分剪切掉，保留需要的部分。
- 【切片】工具 ：使用此工具，可以将一个完整的图像切割成几部分，以便进行 Web 格式文件的存储。

- 【切片选择】工具 ：使用此工具，可选择图像中的切片或调整切片的大小。
- 【注释】工具 和【语音注释】工具 ：使用此工具，可以在图像上增加注释或语音注释，作为图像文件的说明，从而起到提示作用。
- 【吸管】工具 ：使用此工具，可以从图像中吸取某个像素点的颜色，或以拾取点周围多个像素的平均色进行取样，从而改变前景色或背景色。
- 【颜色取样器】工具 ：使用此工具，可以检测图像中像素的色彩构成。
- 【度量】工具 ：使用此工具，可以对图像的某部分长度或角度进行测量。
- （模式显示工具）：使用此工具，可以将图像文件在不同的显示模式下编辑或显示。
- 【在 ImageReady 中编辑】按钮 ：单击此按钮，可以打开 ImageReady 软件。

6.2.1 【裁切】工具应用

【裁切】工具用于裁切图像。在工具箱中选择此工具后，将鼠标指针移动到画面中，按住鼠标左键并拖曳创建裁切框，确认后，裁切框以外的区域将被裁切掉，只保留裁切框内的图像。在确认之前，还可以对裁切框进行旋转、缩放、透视等变形调整，也可以设置剩余图像的大小及分辨率。本小节将介绍 4 种不同类型图像的裁切操作。

【例6-3】 裁切照片。

在照片处理过程中，当遇到主要景物太小，而周围的多余空间较大的照片时，就可以利用【裁切】工具对其进行裁切处理，使照片的主题更为突出。

操作步骤

(1) 选择菜单栏中的【文件】/【打开】命令，打开素材文件中名为"照片 03.jpg"的图片文件，如图 6-87 所示。
(2) 单击工具箱中的 按钮，在画面的中间位置按住鼠标左键向右下角拖曳，绘制的裁切区域如图 6-88 所示。

裁切区域的大小和位置如果不适合裁切的需要，还可以对其进行位置及大小的调整。
(3) 将鼠标指针放置在裁切框的左上角，按住鼠标左键向左上角拖曳，可以调整裁切框的大小，如图 6-89 所示。

图6-87 打开的照片

图6-88 绘制裁切区域

图6-89 调整裁切框大小

(4) 将鼠标指针放置在裁切框中，按住鼠标左键拖曳，可以调整裁切框的位置，如图 6-90 所示。

(5) 将裁切区域的大小和位置调整合适后，单击属性栏中的 ✓ 按钮确认图片的裁切，裁切后的图片效果如图 6-91 所示。

图6-90 调整裁切框位置

图6-91 裁切后的图片

除用单击属性栏中的 ✓ 按钮确认对图像的裁切外，还可以将鼠标指针移动到裁切框内双击鼠标或按 Enter 键完成裁切操作。

【例6-4】 统一尺寸的照片裁切。

在处理图像或照片时，同一个文件中如果有多个人物，而需要将其中的每一个人物都分离成一个文件，并且需要使分离后的文件尺寸大小同样，此时可以通过【裁切】工具来完成。

操作步骤

(1) 选择菜单栏中的【文件】/【打开】命令，打开素材文件中名为"卡通画.jpg"的图片文件。

(2) 单击工具箱中的 ⽚ 按钮，设置属性栏中的选项及参数，如图 6-92 所示。

图6-92 属性栏设置

要点提示 属性栏中的【宽度】、【高度】和【分辨率】3 个选项可以全部设置，也可以全部都不设置或者只设置其中的一个或两个。如果【宽度】和【高度】选项没有设置，系统会按裁切框与原图的比例自动设置其像素数；如果【分辨率】选项没有设置，裁切后的图像会使用默认的分辨率。

对于此照片的处理，因为需要得到 3 张相同尺寸的照片，所以要先进行图像的复制。

(3) 选择菜单栏中的【图像】/【复制】命令，弹出【复制图像】对话框，单击 好 按钮将图像复制，复制的图像名称为"卡通画 副本"。

(4) 用同样的方法再次将图像复制，生成名为"卡通画 副本 2"的图像，复制图像时出现的【复制图像】对话框如图 6-93 所示。

图6-93 【复制图像】对话框

(5) 单击名为"卡通画"的图像文件，将此图像设置为当前工作文件。单击工具箱中的 ⽚ 按钮，在画面中按住鼠标左键并拖曳绘制裁切框，如图 6-94 所示。

(6) 按 Enter 键完成裁切操作，得到设定尺寸的单独图片，如图 6-95 所示。

图6-94　绘制出的裁切框　　　　　　　　　　　　　　　　　　　图6-95　裁切后的图片

(7) 用同样的裁切方法，利用 ![] 工具分别在将"卡通画 副本"和"卡通画 副本 2"图像文件中，绘制裁切框指定所需要的画面，然后按 Enter 键完成裁切操作，得到设定尺寸的单独图片，如图 6-96 所示。

图6-96　设定的裁切区域与裁切后的图片

(8) 图片裁切完成后，得到了 3 张相同尺寸的照片。利用菜单栏中的【文件】/【存储为】命令，将裁切后的照片分别命名为"照片尺寸裁切 01.jpg"、"照片尺寸裁切 02.jpg"和"照片尺寸裁切 03.jpg"进行保存。

【例6-5】　旋转裁切倾斜的照片。

　　在进行照片拍摄或扫描时，可能会由于各种失误而导致画面中的主体物出现倾斜，此时可以利用【裁切】工具进行旋转裁切修整。

操作步骤

(1) 选择菜单栏中的【文件】/【打开】命令，打开素材文件中名为"照片扫描.jpg"的图片文件，如图 6-97 所示。

(2) 单击工具箱中的 ![] 按钮，在画面中按住鼠标左键并拖曳，绘制裁切框以指定裁切的大体位置，如图 6-98 所示。

(3) 将鼠标指针放置在裁切框右侧中间的控制点上，按住鼠标左键并向下拖曳，使裁切框旋转，如图 6-99 所示。

图6-97　打开的照片　　　　　　　图6-98　绘制的裁切框　　　　　　　图6-99　旋转裁切框

(4) 将裁切框旋转至合适角度后释放鼠标左键，再调整裁切框的大小，如图 6-100 所示。调整后的裁切框如图 6-101 所示。

(5) 按 Enter 键完成裁切操作，得到如图 6-102 所示的照片。

图6-100 调整裁切框的大小

图6-101 调整后的裁切框

图6-102 裁切后的照片

(6) 选择菜单栏中的【文件】/【存储为】命令，将裁切后的照片命名为"照片的旋转裁切.jpg"进行保存。

【例6-6】 透视裁切倾斜的照片。

在拍摄照片时，由于拍摄者所站的位置或角度不合适而经常会拍摄出具有严重透视的照片，对于此类照片也可以通过【裁切】工具进行透视矫正。

操作步骤

(1) 选择菜单栏中的【文件】/【打开】命令，打开素材文件中名为"建筑夜景.jpg"的图片文件。

(2) 单击工具箱中的 按钮，在画面中按住鼠标左键并拖曳，绘制与图片相同大小的裁切框，如图 6-103 所示。

(3) 在属性栏中勾选【透视】复选框，将鼠标指针放置在裁切框左上角的控制点上，按住鼠标左键向右拖曳使裁切框透视斜切变形，如图 6-104 所示。

图6-103 绘制的裁切框

图6-104 调整透视裁切框

(4) 拖曳控制点，在裁切框的左侧与建筑物基本平行时释放鼠标左键。用同样的方法，将裁切框右上角的控制点进行透视调整，调整后的裁切框如图 6-105 所示。

(5) 按 Enter 键完成裁切操作，得到如图 6-106 所示的图片。

图6-105 透视调整后的裁切框

图6-106 裁切后的图片

(6) 选择菜单栏中的【文件】/【存储为】命令，将裁切后的照片另命名为"图片的透视裁切.jpg"进行保存。

案例小结

本案例介绍了利用【裁切】工具裁切图像的 4 种基本操作方法，希望读者能够将其熟练掌握，以便在实际工作中灵活运用。

6.2.2　切片工具应用

切片工具包括【切片】工具 ✂ 和【切片选择】工具 ✂，【切片】工具主要用于分割图像，【切片选择】工具主要用于编辑切片。

单击工具箱中的 ✂ 按钮，将鼠标指针移动到图像文件中拖曳，释放鼠标后，即在图像文件中创建了切片，其形态如图 6-107 所示。

图6-107　创建切片后的图像文件

此时，将鼠标指针放置到选择切片的任一边缘位置，当鼠标指针显示为双向箭头时按下鼠标左键并拖曳，可调整切片的大小。将鼠标指针移动到选择的切片内，按下鼠标左键并拖曳，可调整切片的位置，释放鼠标左键后，图像文件中将产生新的切片效果。

利用工具箱中的【切片选择】工具，选择图像文件中切片名称显示为灰色的切片，然后单击属性栏中的 提升到用户切片 按钮，可以将当前选择的切片激活，即左上角的切片名称显示为蓝色。另外，单击属性栏中的 划分切片... 按钮，在弹出的【划分切片】对话框中，可对当前选择的切片进行均匀分割。

6.2.3　【注释】和【语音注释】工具

单击工具箱中的 📄 按钮，然后将鼠标指针移动到打开的图像文件中，单击或拖曳鼠标指针创建一个矩形框，即可创建注释框，在注释框中可输入要说明的文字。

- 将鼠标指针放置在注释框的右下角位置，当其显示为"双向箭头"时，拖曳鼠标，可以自由设定注释框的大小。
- 将鼠标指针放置到注释图标或注释框的标题栏上，当其变为"箭头"图标时，拖曳鼠标即可移动注释框的位置。
- 在打开的图像文件中，单击【注释】框右上角的小正方形，可以关闭展开的注释框。双击要打开的注释图标，或在要打开的注释图标上单击鼠标右键，在弹

出的快捷菜单中选择【打开注释】命令，可以将关闭的注释框展开。

- 确认注释图标处于选择的状态，按 Delete 键，在弹出的询问面板中单击 好 按钮，即可将选择的注释删除。

 要点提示 如果想同时删除图像文件中的多个注释，只要在任意注释图标上单击鼠标右键，在弹出的快捷菜单中选择【删除所有注释】命令即可。

单击工具箱中的 按钮，在打开的图像文件中单击，即可弹出【语音注释】对话框，单击 开始(S)... 按钮，便可以通过麦克风录制语音信息。录制完成后，单击 停止(T) 按钮，可以停止录音工作并关闭【语音注释】对话框。

在图像文件中设置语音注释后，双击语音注释图标，即可播放语音注释。

 要点提示 当在文件中添加了注释或语音注释后，如果要保存文件，同时也将这些注释保存，所存的文件格式必须选择 ".psd"、".pdf" 或 ".tif" 格式，并在【存储为】对话框中勾选【注释】复选框。

6.2.4 【吸管】、【颜色取样器】和【度量】工具

【吸管】工具 、【颜色取样器】工具 和【度量】工具 都属于信息工具，它们的作用是从文件中获取图像的颜色、数据或其他信息。

一、【吸管】工具

在工具箱中单击 按钮，在需要选择的颜色样点处单击，可将吸取的颜色作为前景色。若按住 Alt 键的同时单击要吸取的颜色，吸取后的颜色则作为背景色。

【吸管】工具也可以直接在【色板】面板中吸取所需要的颜色，只是在色板中吸取背景色时，不能按住 Alt 键，而是要按住 Ctrl 键。若按住 Alt 键，则会将选择的颜色样本在【色板】面板中删除。

二、【颜色取样器】工具

【颜色取样器】工具是用于在图像文件中提取多个颜色样本的工具，它最多可以在图像文件中定义 4 个取样点。用此工具时，【信息】面板不仅显示测量点的色彩信息，还会显示鼠标当前所在的位置以及所在位置的色彩信息。

激活工具箱中的 按钮，将鼠标指针移动到图像文件中，依次单击创建取样点，此时【信息】面板中将显示鼠标单击处的颜色信息，如图 6-108 所示。

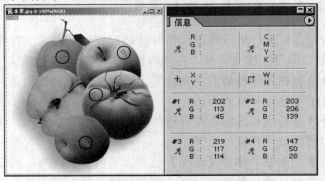

图6-108 选择多个样点时【信息】面板显示的颜色信息

三、【度量】工具

- 测量长度：单击工具栏中的  按钮，在图像中的任意位置拖曳鼠标，创建一测量线，属性栏中即会显示测量的结果，其属性栏如图 6-109 所示。

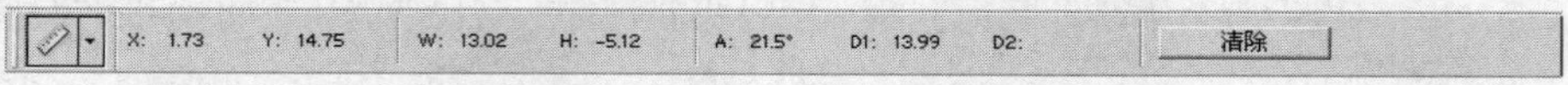

|  ▾ | X: 1.73 | Y: 14.75 | W: 13.02 | H: -5.12 | A: 21.5° | D1: 13.99 | D2: | 清除 |

图6-109 【度量】工具测量长度时的属性栏

【X】值、【Y】值为测量起点的坐标值。【W】值、【H】值为测量起点与终点的水平、垂直距离。【A】值为测量线与水平方向间的角度。【D1】值为当前测量线的长度。单击 _____清除_____ 按钮，可以把当前测量的数值和图像中的测量线清除。

- 测量角度：单击工具栏中的  按钮，在图像中的任意位置拖曳鼠标，创建一测量线，按住 Alt 键将鼠标指针移动至刚才创建测量线的端点处，当鼠标指针显示为带加号的角度符号时，拖曳鼠标创建第 2 条测量线。此时，属性栏中即会显示测量角的结果，其属性栏如图 6-110 所示。

|  ▾ | X: 10.20 | Y: 16.72 | W: | H: | A: 35.9° | D1: 13.99 | D2: 8.43 | 清除 |

图6-110 【度量】工具测量角度时的属性栏

【X】值、【Y】值为两条测量线的交点，即测量角的顶点坐标。【A】值为测量角的角度。【D1】值为第 1 条测量线的长度。【D2】值为第 2 条测量线的长度。

> 按住 Shift 键在图像中拖曳鼠标，可以创建水平、垂直或成 45°倍数的测量线。按住 Shift+Alt 组合键，可以测量以 45°为单位的角度。

6.2.5 Photoshop CS 界面模式显示设置

利用 Photoshop 进行编辑和处理图像时，其工作界面有两类模式，分别为编辑模式和显示模式，下面对它们分别进行详细介绍。

一、Photoshop 编辑模式

在 Photoshop CS 工具箱的下方有以下两种模式按钮。

- （以标准模式编辑）按钮：这是 Photoshop 软件默认的编辑模式。
- （以快速蒙版模式编辑）按钮：快速蒙版模式用于创建各种特殊选区，在默认的编辑模式下单击该按钮，可切换到快速蒙版编辑模式，此时所进行的各种编辑操作不是对图像进行的，而是对快速蒙版进行的。这时，【通道】面板中会增加一个临时的快速蒙版通道。

二、Photoshop 显示模式

Photoshop 给设计者提供了【标准屏幕模式】、【带有菜单栏的全屏模式】和【全屏模式】3 种模式。

- （标准屏幕模式）按钮：这是 Photoshop 默认的显示模式，即安装完该软件打开时的显示模式。
- （带有菜单栏的全屏模式）按钮：在默认显示模式下单击此按钮，Photoshop 软件界面会将标题栏和底部的 Windows 任务栏隐藏显示。

- （全屏模式）按钮：在默认显示模式下单击此按钮，Photoshop 软件界面会在隐藏标题栏和底部的 Windows 任务栏的基础上，将菜单栏也隐藏显示。

> **要点提示** 如果在以上 3 种情况下按 Tab 键，可以显示或隐藏 Photoshop 软件窗口中的工具箱、控制面板和状态栏。

6.2.6 【在 ImageReady 中编辑】按钮

在 Photoshop CS 工具栏的最下方有一个 （在 ImageReady 中编辑）按钮，单击此按钮，可以打开 Adobe ImageReady CS 软件。

> **要点提示** Adobe ImageReady CS 是 Photoshop CS 自带的一个软件，可以制作动画，其操作界面与 Photoshop CS 的界面基本相同，且它们具有共同的命令、工具和快捷键。

6.3 实训练习

通过本章案例的学习，读者自己动手进行以下实训练习。

6.3.1 输入广告文字

打开素材文件，利用【文字】工具依次输入文字，制作出如图 6-111 所示的房地产广告。

图6-111 输入的文字

6.3.2 输入沿路径排列的文字

在 Photoshop CS 中可以沿着路径输入文字，路径可以是用【钢笔】工具或【矢量形状】工具创建的任意形状的路径，在路径边缘或内部输入文字后还可以移动路径或更改路径的形状，且文字会顺应新的路径位置或形状。本实训输入的沿路径排列的文字效果如图 6-112 所示。

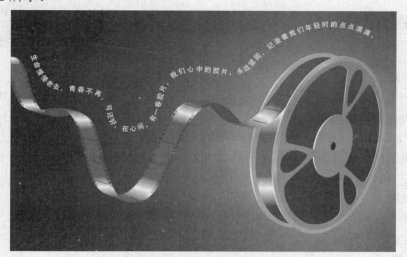

图6-112 输入的沿路径排列的文字

 **操作步骤**

(1) 打开素材文件中名为 "胶片.jpg" 的图片文件，然后利用 和 工具绘制出如图 6-113 所示的路径。

(2) 选择 $\boxed{T}$ 工具，将鼠标指针移动到路径的左侧单击，插入沿路径输入文字的起始点光标，如图 6-114 所示。

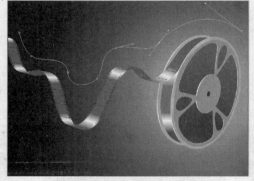

图6-113 绘制的路径

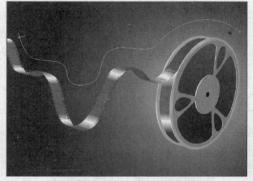

图6-114 显示的文字起始点光标

(3) 设置文字的字体为 "创艺简粗黑"，字号为 "18 点"，文字颜色为白色，输入需要的文字，文字即会沿路径排列，如图 6-115 所示。

图6-115 输入的文字

(4) 单击属性栏中的 按钮，即可完成文字的输入。

操作与练习

一、填空题

1. 文字工具主要包括_____、_____、_____和_____4个工具。

2. 【段落】面板可以设置文字的_____和_____。

3. 在 Photoshop CS 中，可以将输入的文字转换成_____和_____进行编辑，也可以将其进行栅格化处理，即将输入文字生成的文字层直接转换为_____。另外，还可以将输入的_____和_____进行互换。

二、选择题

1. 在图像文件中，创建的文字类型有（　　）。

A. 美工文字　　　　　　　　　　　B. 单行文字

C. 多行文字　　　　　　　　　　　D. 段落文字

2. 利用（　　）可以设置文字的字体、字号、对齐方式等。

A. 文字的属性栏　　　　　　　　　B. 菜单栏

C.【字符】面板　　　　　　　　　D.【段落】面板

3. 可以将图像文件中多余部分剪切掉的工具为（　　）。

A.【裁切】工具　　　　　　　　　B.【切片】工具

C.【吸管】工具　　　　　　　　　D.【度量】工具

三、简答题

1. 简述【裁切】工具的功能和使用方法。

2. 简述【吸管】工具的功能和使用方法。

四、操作题

1. 打开素材文件中名为"T6-04.jpg"的背景图片，如图 6-116 所示。用本章介绍的文字工具的基本应用，制作完成如图 6-117 所示的报纸稿。

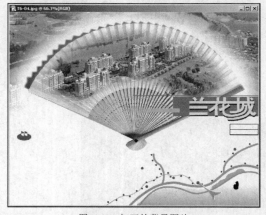

图6-116　打开的背景图片

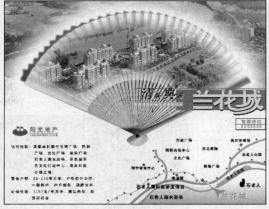

图6-117　制作的报纸稿

2. 打开素材文件中名为"T6-05.jpg"的贺卡背景图片，如图 6-118 所示。用本章介绍的文字变形命令，制作完成如图 6-119 所示的生日贺卡。

图6-118 打开的贺卡背景图片

图6-119 制作完成的贺卡

3. 打开素材文件中名为"儿童.jpg"的图片，如图 6-120 所示。用本章介绍的文字工具并结合前面章节中介绍的其他工具的使用方法，制作完成如图 6-121 所示的杂志封面效果。

图6-120 打开的图片

图6-121 制作完成的杂志封面

图层是 Photoshop 中最基础、最重要的命令，图像的处理都离不开图层的操作。另外，灵活地运用好图层还可以创建出许多特殊的效果。本章将详细介绍有关图层的知识，希望读者能够熟练掌握。

学习目标

- 理解图层的概念。
- 熟悉【图层】面板。
- 熟悉常用图层类型。
- 掌握图层的基本操作。
- 熟悉图层的混合模式。
- 掌握图层样式及应用。

7.1 图层的应用

在实际的工作中，图层的运用非常广泛，通过新建图层，可以将当前所要编辑和调整的图像独立出来，然后在各个图层中分别编辑图像的每个部分，从而使图像更加丰富。

 命令简介

- 图层：可以将图层理解为是一张张叠起来的透明画纸。如果图层上没有图像，就可以一直看到底下的背景图层。
- 【图层】面板：此面板是 Photoshop 中一个相当重要的控制面板，它的主要功能是显示当前图像的所有图层、图层样式、【混合模式】、【不透明度】等参数的设置，以方便设计者对图像进行调整修改。
- 常用图层类型：常用的图层类型主要分为背景层、普通层、调节层、效果层、形状层、蒙版层和文本层几大类。
- 图层的基本操作：图层的基本操作包括图层的创建、显示或隐藏、复制与删除、链接与合并、对齐与分布等。

7.1.1 设计儿童艺术照

【例7-1】 利用图层及图层的基本操作命令，制作如图 7-1 所示的儿童艺术照效果。

图7-1 设计的儿童艺术照效果

操作步骤

(1) 选择菜单栏中的【文件】/【打开】命令，打开素材文件中名为"向日葵.jpg"和"花.jpg"的图片文件。

(2) 将"花"图片移动复制到"向日葵"文件中，并调整至如图 7-2 所示的大小及位置。

(3) 选择✐工具，设置一个合适的虚化笔头后，沿图像的上边和左侧拖曳，将图像的边缘擦除，使其能很好的与"花"的图像融合，效果如图 7-3 所示。

图7-2 图像调整后的大小及位置

图7-3 擦除边缘后的效果

(4) 在【图层】面板中，将"花"图像所在"图层 1"的图层混合模式设置为"叠加"，效果如图 7-4 所示。

(5) 选择菜单栏中的【文件】/【打开】命令，打开素材文件中名为"儿童.jpg"的图片文件。

(6) 将"儿童"图片移动复制到"向日葵"文件中，并调整至如图 7-5 所示的大小及位置。

图7-4 设置图层混合模式后的效果

图7-5 图片调整的大小及位置

(7) 在【图层】面板中单击下方的▢按钮，为"儿童"所在的"图层 2"添加图层蒙版。

(8) 将前景色设置为黑色，然后选择 ✐ 工具，设置一个合适大小的虚化笔头后，将鼠标指针移动到儿童图像右侧的边缘拖曳，将此部分图像隐藏，效果如图 7-6 所示。

(9) 按住 Ctrl 键单击"图层 2"的图层缩览图，添加选区，状态如图 7-7 所示。

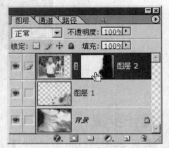

图7-6 编辑蒙版后的效果　　　　　　　　　　图7-7 加载选区状态

(10) 单击【图层】面板下方的 ⬤. 按钮，在弹出的菜单中选择【色彩平衡】命令，然后设置参数如图 7-8 所示。

(11) 在【色彩平衡】对话框中选中【暗调】单选钮，然后设置暗部的颜色参数如图 7-9 所示。

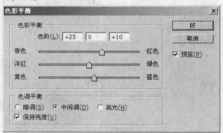

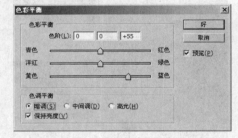

图7-8 设置的中间调参数　　　　　　　　　　图7-9 设置的暗调参数

(12) 单击　好　按钮，图像调整色调后的效果如图 7-10 所示。

(13) 确认 ✐ 按钮处于选择状态，设置一个较小的笔头后，在人物的面部及胳膊位置描绘黑色，使这部分图像恢复先前的颜色，效果如图 7-11 所示。

图7-10 调整色调后的效果　　　　　　　　　　图7-11 编辑蒙版后的效果

(14) 将前景色设置为粉红色（C:0,M:75,Y:15,K:0），然后选择 T 工具，并在画面的右侧输入如图 7-12 所示的文字。

(15) 选择菜单栏中的【图层】/【图层样式】/【描边】命令，在弹出的【图层样式】对话框中将描边【颜色】设置为白色，然后设置其他参数如图 7-13 所示。

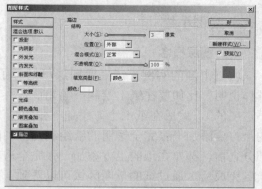

图7-12　输入的文字　　　　　　　　　　　　图7-13　设置的描边参数

(16) 在【图层样式】对话框中单击左侧列表框中的【投影】选项，然后设置投影参数如图 7-14 所示。

(17) 单击 好 按钮，文字添加描边及投影后的效果如图 7-15 所示。

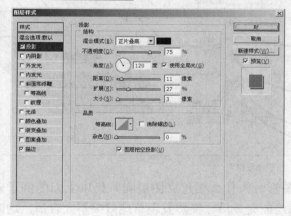

图7-14　设置的投影参数　　　　　　　　　图7-15　文字添加描边及投影后的效果

(18) 将前景色设置为白色，然后利用 T 工具在画面的左下角输入如图 7-16 所示的英文字母，即可完成儿童艺术照的设计。

图7-16　输入的英文字母

(19) 选择菜单栏中的【文件】/【存储为】命令，将其重新命名为"儿童艺术照.psd"并进行保存。

 案例小结

一、图层概念

通过上面的实例，读者对图层已经有了一个基本的认识，下面再以一个简单的比喻来具体说明。比如要在纸上绘制一幅儿童画，首先要在纸上绘制出儿童画的背景（这个背景是不透明的），然后在纸的上方添加一张完全透明的纸绘制儿童画的草地，绘制完成后，在纸的上方再添加一张完全透明的纸绘制儿童画的其余图形……依此类推，在绘制儿童画的每一部分之前，都要在纸的上方添加一张完全透明的纸，然后在添加的透明纸上绘制新的图形。绘制完成后，通过纸的透明区域可以看到下面的图形，从而得到一幅完整的作品。在这个绘制过程中，添加的每一张纸就是一个图层。图层原理说明如图7-17所示。

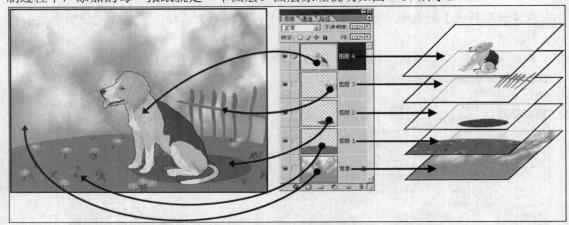

图7-17　图层原理说明

上面介绍了图层的概念，那么在绘制图形时为什么要建立图层呢？仍以上面的例子来说明。如果在一张纸上绘制儿童画，当全部绘制完成后，突然发现草地效果不太合适，这时候只能选择重新绘制这幅作品，因为对在一张纸上绘制的画面进行修改非常麻烦。而如果是分层绘制的，遇到这种情况就不必重新绘制了，只需找到绘制草地图形的透明纸（图层），将其删除，然后重新添加一张新纸（图层），绘制一幅合适的草地图形，放到刚才删除的纸（图层）的位置即可，这样可以大大节省绘图时间。另外，图层除了易修改的优点外，还可以在一个图层中随意拖动、复制和粘贴图形，并能对图层中的图形制作各种特效，而这些操作都不会影响其他图层中的图形。

二、【图层】面板

打开素材文件中"图库\第07章"目录下名为"【图层】面板说明图.psd"的文件，其【图层】面板形态如图7-18所示。

 要点提示　并不是所有图像文件的【图层】面板都包括本图像文件的这些图层元素，有些文件的图层可能只有其中的一部分。此处，只是为了介绍【图层】面板，所以选用了一幅较为典型的实例。

下面分别介绍【图层】面板中的默认选项及按钮。

- 图层调板选项卡：位于【图层】面板的左上角。当目前使用别的控制面板时，单击图层调板选项卡，可以将【图层】面板设置为当前工作状态。

- ▶（图层菜单）按钮：位于【图层】面板的右上角。单击此按钮，可弹出【图层】面板的下拉菜单。

- 正常 ▼（图层混合模式）按钮：设置当前图层中的像素与其下面图层中的像素以何种模式进行混合。

- 【不透明度】选项：设置当前图层中图像的不透明程度。数值越小，图像越透明；数值越大，图像越不透明。

- ⊡（锁定透明像素）按钮：单击此按钮，可以使当前图层中的透明区域保持透明。

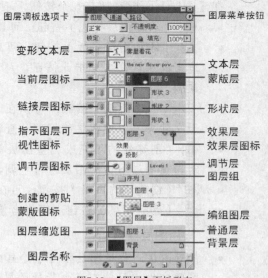

图7-18 【图层】面板形态

- ✎（锁定图像像素）按钮：单击此按钮，在当前图层中不能进行图形绘制以及其他命令的操作。

- ✛（锁定位置）按钮：单击此按钮，可以将当前图层中的图像锁定不被移动。

- 🔒（锁定全部）按钮：单击此按钮，在当前图层中不能进行任何编辑修改操作。

- 【填充】选项：设置图层中图形填充颜色的不透明度。

- 👁（指示图层可视性）图标：表示此图层处于可见状态。如果单击此图标，图标中的眼睛将被隐藏，表示此图层处于不可见状态。反复单击此图标，可以显示或隐藏该图层。

- ✐（当前图层）图标：表示图层处于当前操作图层，此时在文件中所做的一切操作只对当前图层起作用。在【图层】面板中单击适当的图层，即可将其设置为当前图层，如将蒙版图层设置为当前工作图层，此图标显示为 ▣（图层蒙版）图标。

- ▦（链接图层）图标：通过链接两个或多个图层，可以一起移动链接图层中的内容，也可以对链接图层执行对齐与分布、合并图层等操作。

- 图层缩览图：用于显示本图层的缩略图，它随着该图层中图像的变化而随时更新，以便用户在进行图像处理时参考。

- 图层名称：显示各图层的名称，一般显示在缩览图的右边。

- 图层组：图层组是图层的组合，它的作用相当于 Windows 系统管理器中的文件夹，主要用于组织和管理图层并将这些图层作为一个对象进行移动、复制等。单击面板底部的 🗀 按钮，或选择菜单栏中的【图层】/【新建】/【图层组】命令，即可在【图层】面板中创建序列。

- ↳（创建的剪贴蒙版）图标：选择菜单栏中的【图层】/【创建剪贴蒙版】命令，当前图层将与它前面的图层相结合建立剪贴蒙版，当前图层的前面将生成剪贴蒙版图标，其下的图层即为剪贴蒙版图层。

在【图层】面板底部有 6 个按钮，下面分别进行介绍。

- 按钮：可以对当前图层中的图像添加各种样式效果。
- 按钮：可以给当前图层添加蒙版。如果先在图像中创建适当的选区，再单击此按钮，可以根据选区范围在当前图层上建立适当的图层蒙版。
- 按钮：可以在【图层】面板中创建一个新的序列。序列类似于文件夹，以便图层的管理和查询。
- 按钮：可在当前图层上添加一个调整图层，对当前图层下边的图层进行色调、明暗等颜色效果调整。
- 按钮：可在当前图层上创建新图层。
- 按钮：可将当前图层删除。

三、常用图层类型

- 背景图层：背景图层相当于绘画中最下方不透明的纸。在 Photoshop 中，一个图像文件中只能有一个背景图层，它可以与普通图层进行相互转换，但无法交换堆叠次序。如果当前图层为背景图层，选择菜单栏中的【图层】/【新建】/【背景图层】命令，或在【图层】面板的背景图层上双击，便可以将当前的背景图层转换为普通图层。

- 普通图层：普通图层相当于一张完全透明的纸，是 Photoshop 中最基本的图层类型。单击【图层】面板底部的 ![icon] 按钮，或选择菜单栏中的【图层】/【新建】/【图层】命令，即可在【图层】面板中新建一个普通图层。

- 调节图层：调节图层主要用于调节其下所有图层中图像的色调、亮度和饱和度。当选择该图层为当前图层时，其缩览图前面的框中显示 ![icon] 图标。单击【图层】面板底部的 ![icon] 按钮，在弹出的下拉菜单中选择任意一个命令，然后在弹出的对话框中单击 好 按钮，即在【图层】面板中创建了一个调节图层。

- 效果图层：【图层】面板中的图层应用图层效果（如阴影、投影、发光、斜面和浮雕以及描边等）后，右侧会出现一个 ▷f（效果层）图标，此时，这一图层就是效果图层。注意，背景图层不能转换为效果图层。单击【图层】面板底部的 ![icon] 按钮，在弹出的下拉菜单中选择任意一个命令，然后在弹出的对话框中单击 好 按钮，即在【图层】面板中创建了一个效果图层。

- 形状图层：形状图层是使用工具箱中的矢量图形工具在文件中创建图形后，【图层】面板自动创建的一个图层。当执行菜单栏中的【图层】/【栅格化】/【形状】命令后，形状图层将被转换为普通图层。

- 蒙版图层：在图像中，图层蒙版中颜色的变化使其所在图层图像的相应位置产生透明效果。其中，该图层中与蒙版的白色部分相对应的图像不产生透明效果，与蒙版的黑色部分相对应的图像完全透明，与蒙版的灰色部分相对应的图像根据其灰度产生相应程度的透明。

- 文本图层：文本图层是使用工具箱中的文字工具，在文件中创建文字后，【图层】面板自动创建的一个图层，其缩览图显示为 T 图标。当对输入的文字进行变形后，文本图层将显示为变形文本图层，其缩览图显示为 工 图标。

要点提示 文本图层可以进行移动、堆叠和复制，但大多数编辑命令都不能在文本图层中使用。必须选择菜单栏中的【图层】/【栅格化】/【文字】命令，将文本图层转换为普通图层后才可使用。

四、图层混合模式

【图层】面板中的图层混合模式及其他相关面板中的【模式】选项，在图像处理及效果制作中被广泛应用，特别是在多个图像合成方面更有其独特的作用及灵活性，掌握好其使用方法对将来的图像合成操作有极大的帮助。图层混合模式中的各种样式设置，决定了当前图层中的图像与其下面图层中的图像以何种模式进行混合。

五、图层基本操作

(1) 图层的创建。

选择菜单栏中的【图层】/【新建】命令，弹出如图 7-19 所示的【新建】子菜单。

- 当选择【图层】命令时，系统将弹出如图 7-20 所示的【新图层】对话框。在此对话框中，可以对新建图层的颜色、模式和不透明度进行设置。

图7-19 【新建】子菜单

图7-20 【新图层】对话框

- 当选择【背景图层】命令时，可以将背景图层转换为一个普通图层，此时【背景图层】命令会变为【图层背景】命令；选择【图层背景】命令，可以将当前图层更改为背景图层。

- 当选择【图层组】命令时，将弹出如图 7-21 所示的【新图层组】对话框。在此对话框中可以创建图层组，相当于图层文件夹。

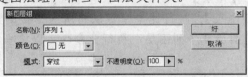

图7-21 【新图层组】对话框

- 当【图层】面板中有链接图层时，【由链接图层组成的图层组】命令才可用，选择此命令，可以新建一个图层组，并将当前链接的图层，除背景图层外的其余图层放置在新建的图层组中。

- 选择【通过拷贝的图层】命令，可以将当前画面选区中的图像通过复制生成一个新的图层，且原画面不会被破坏。

- 选择【通过剪切的图层】命令，可以将当前画面选区中的图像通过剪切生成一个新的图层，且原画面被破坏。

(2) 图层的复制。

将鼠标指针放置在要复制的图层上，按下鼠标左键向下拖曳至 按钮上释放，即可将所拖曳的图层进行复制并生成一个"副本"。另外，选择菜单栏中的【图层】/【复制图层】命令，在弹出的【复制图层】对话框中，单击 好 按钮，也可以复制当前选择的图层。

要点提示

图层可以在当前文件中复制，也可以将当前文件的图层复制到其他打开的文件中或新建的文件中。将鼠标指针放置在要复制的图层上，按下鼠标左键向要复制的文件中拖曳，释放鼠标左键后，所选择图层中的图像即被复制到另一文件中。

(3) 图层的删除。

将鼠标指针放置在要删除的图层上，按下鼠标左键向下拖曳至 按钮上释放，即可将所拖曳的图层删除。另外，确认要删除的图层处于当前工作图层，在【图层】面板中单击 按钮，或选择菜单栏中的【图层】/【删除】/【图层】命令，在弹出的提示面板中单击 是(Y) 按钮，也可以将【图层】面板中当前选择的图层删除。

(4) 图层的叠放次序。

图层的叠放顺序对作品的效果有直接的影响，因此，在实例的制作过程中，必须准确地调整各图层在画面中的叠放位置，其调整方法有以下两种。

- 菜单法：选择菜单栏中的【图层】/【排列】命令，将弹出如图 7-22 所示的【排列】子菜单。执行相应的命令，可以调整图层的位置。

置为顶层(F)	Shift+Ctrl+]
前移一层(W)	Ctrl+]
后移一层(K)	Ctrl+[
置为底层(B)	Shift+Ctrl+[

图7-22　【图层】/【排列】子菜单

- 手动法：在【图层】面板中要调整叠放顺序的图层上按下鼠标左键，然后向上或向下拖曳鼠标指针，此时【图层】面板中会有一线框跟随鼠标指针拖动，当线框调整至要移动的位置后释放鼠标左键，当前选择的图层即会调整至释放鼠标左键的图层位置。

(5) 图层的链接与合并。

在制作复杂实例的过程中，一般将已经确定不需要再调整的图层合并，这样有利于下面的操作。

图层的合并主要包括【向下合并】、【合并可见图层】和【拼合图层】3 个命令。

- 选择菜单栏中的【图层】/【向下合并】命令，可以将当前工作图层与其下面的图层进行合并。在【图层】面板中，如果有与当前图层链接的图层，此命令将显示为【合并链接图层】，执行此命令可以将所有链接的图层合并到当前工作图层中。如果当前图层是序列图层，执行此命令可以将当前序列中的所有图层合并。

要点提示

在【图层】面板中，在除当前图层以外的其余图层 图标右侧的窗口中单击，当该窗口中出现 图标时，表明该图层与当前图层链接在一起。

- 选择菜单栏中的【图层】/【合并可见图层】命令，可以将【图层】面板中所有的可见图层进行合并，并生成背景图层。

- 选择菜单栏中的【图层】/【拼合图层】命令，可以将【图层】面板中的所有图层进行拼合，拼合后的图层生成为背景图层。

(6) 链接图层的对齐与分布。

使用图层的对齐和分布命令，可以按照当前工作图层中的画面位置或选区的边界，对【图层】面板中所有与当前工作图层链接的图层进行对齐与分布。

- 图层的对齐：当【图层】面板中至少有两个链接的图层，且背景图层不处于链接状态时，图层的对齐命令才可用。选择菜单栏中的【图层】/【对齐链接图层】命令，将弹出如图 7-23 所示的【对齐链接图层】子菜单。执行其中的相应命令，可以将图层中的图像进行对齐。

- 图层的分布：在【图层】面板中至少有 3 个链接的图层，且背景图层不处于链接状态时，图层的分布命令才可用。选择菜单栏中的【图层】/【分布链接图层】命令，将弹出如图 7-24 所示的【分布链接图层】子菜单。执行其中的相应命令，可以将图层中的图像进行分布。

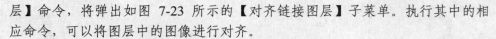

图7-23　【对齐链接图层】子菜单　　　　　　　　图7-24　【分布链接图层】子菜单

7.1.2　制作抽线效果

【例7-2】　利用【图层】菜单栏中的【新填充图层】命令，以及【图层】面板中的图层混合模式和【填充】选项的设置，制作如图 7-25 所示的图像抽线效果。

操作步骤

(1) 选择菜单栏中的【文件】/【新建】命令，新建【宽度】为 "40 像素"，【高度】为 "20 像素"，【分辨率】为 "80 像素/英寸"，【颜色模式】为 "RGB 颜色"，【背景内容】为 "透明" 的新文件。

(2) 单击工具箱中的 按钮，在画面中绘制一个矩形选区并填充上白色，如图 7-26 所示。

图7-25　制作的图像抽线效果

(3) 按 Ctrl+D 组合键去除选区，然后选择菜单栏中的【编辑】/【定义图案】命令，弹出【图案名称】对话框，设置【名称】为 "图案 1"，如图 7-27 所示。

图7-26　绘制的白色矩形

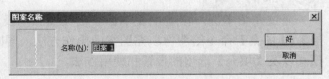

图7-27　【图案名称】对话框

(4) 单击 好 按钮后，将 "图案 1" 文件关闭。打开素材文件中名为 "人物.jpg" 的图片文件，如图 7-28 所示。

(5) 选择菜单栏中的【图层】/【新填充图层】/【图案】命令，在弹出的【新图层】对话框中单击 好 按钮，弹出如图 7-29 所示的【图案填充】对话框。

(6) 在【图案填充】对话框中选择刚才定义的图案，此时的画面效果如图 7-30 所示。

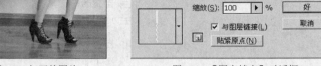

图7-28 打开的图片　　　　　图7-29 【图案填充】对话框　　　　　图7-30 填充图案后的效果

(7) 在【图案填充】对话框中，将【缩放】选项的参数设置为"60%"，然后单击　好　按钮，调整填充图案后的效果如图 7-31 所示。

(8) 在【图层】面板中将"图案填充 1"层的图层混合模式设置为"柔光"，如图 7-32 所示。制作完成的抽线效果如图 7-33 所示。

图7-31 填充的图案效果　　　　　图7-32 【图层】面板　　　　　图7-33 制作完成的抽线效果

(9) 选择菜单栏中的【文件】/【存储为】命令，将此文件命名为"抽线效果.psd"进行存储。

 案例小结

通过介绍本例，读者主要掌握了定义图案以及利用菜单栏中的【图层】/【新填充图层】/【图案】命令给图像填充图案的操作方法，同时，还应掌握【图层】面板中图层混合模式以及【填充】选项的设置和使用方法。

7.2 图像混合与图层样式

图层样式主要包括投影、阴影、发光、斜面、浮雕、描边等，灵活运用【图层样式】命令，可以制作出许多意想不到的效果。

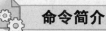

命令简介

图层样式：利用图层样式可以对图层中的图像快速应用效果，通过【图层样式】面板还可以查看各种预设的图层样式，并且仅通过单击即可在图像中应用样式，也可以通过对图层中的图像应用多种效果创建自定样式。

7.2.1 制作图像合成效果

【例7-3】 利用【图层样式】中的混合选项将两幅图像进行混合，图片素材及制作出的混合效果如图 7-34 所示。

图7-34 图片素材及合成后的效果

操作步骤

(1) 打开素材文件中名为"蓝天.jpg"和"高脚杯.psd"的图片文件。

(2) 单击工具箱中的 按钮，将"高脚杯"图片移动复制到"蓝天"文件中生成"图层1"。

(3) 按 Ctrl+T 组合键，为"图层 1"中的内容添加自由变换框，并将其调整至如图 7-35 所示的大小及位置，然后按 Enter 键，确认图像的变换操作。

(4) 选择菜单栏中的【图层】/【图层样式】/【混合选项】命令，弹出【图层样式】对话框，如图 7-36 所示。

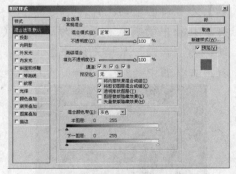

图7-35 调整后的图像形态　　　　　　图7-36 【图层样式】对话框

(5) 按住 Alt 键，将鼠标指针放置在如图 7-37 所示的三角形按钮上，按住鼠标左键并拖曳，将三角形按钮向左移动位置。

(6) 用相同的方法，按住 Alt 键，对其他三角形按钮的位置也进行调整，如图 7-38 所示，在调整时要注意画面的效果变化。

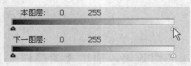

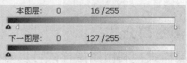

图7-37 鼠标指针放置的位置　　　　　　　　　　　图7-38 调整后三角形按钮的位置

(7) 单击　　　好　　　按钮，混合图像后的效果如图 7-39 所示。

图7-39 混合图像后的效果

(8) 选择菜单栏中的【文件】/【存储为】命令，将此文件命名为"图像合成.psd"进行
另存储。

案例小结

本案例介绍了利用【图层样式】面板中的【混合选项】制作图像的合成效果，利用这
种操作方法可以制作很多意想不到的图像合成效果，希望读者能够将其灵活掌握。

7.2.2　制作珍珠项链

【例7-4】　利用【图层样式】命令，制作如图 7-40 所示的珍珠项链。

操作步骤

(1) 选择菜单栏中的【文件】/【新建】命令，新建一个【高度】为"25 厘米"，【宽度】为
"20 厘米"，【分辨率】为"120 像素/英寸"，【颜色模式】为"RGB 颜色"，【背景内
容】为"白色"的文件。

(2) 将工具箱中的前景色设置为深蓝色（C;100,M:95,Y:30,K:30），然后按 Alt+Delete 组合
键，为"背景"层填充前景色。

(3) 利用工具箱中的工具和工具，绘制并调整出如图 7-41 所示的路径。

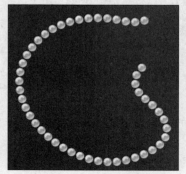

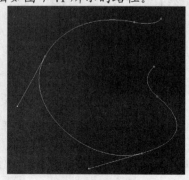

图7-40 制作完成的珍珠项链　　　　　　　　　　　图7-41 绘制的路径

(4) 单击工具箱中的 ✐ 按钮，然后单击属性栏中的 📋 按钮，在弹出的【画笔】面板中设置其选项和参数，如图 7-42 所示。

(5) 单击【图层】面板下方的 📑 按钮，新建"图层 1"，然后将工具箱中的前景色设置为白色。

(6) 打开【路径】面板，单击面板底部的 ◯ 按钮，用设置的画笔笔头描绘路径，效果如图 7-43 所示。

(7) 单击【画笔】工具属性栏中的 📋 按钮，在弹出的【画笔】面板中设置其选项和参数，如图 7-44 所示。

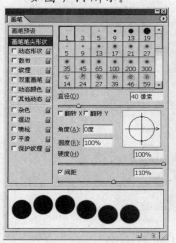 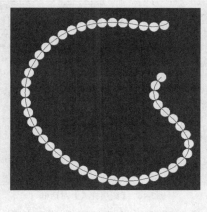 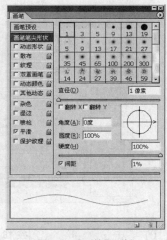

图7-42 【画笔】面板　　　　图7-43 描绘路径后的效果　　　　图7-44 【画笔】面板

(8) 新建"图层 2"，并将其调整至"图层 1"的下方位置，再单击【路径】面板底部的 ◯ 按钮，进行路径的描绘，然后在【路径】面板中的灰色区域处单击，隐藏路径，描绘路径后的效果如图 7-45 所示。

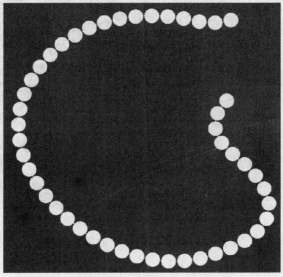

图7-45 描绘路径后的效果

(9) 将"图层 1"设置为当前层，然后选择菜单栏中的【图层】/【图层样式】/【混合选项】命令，在弹出的【图层样式】对话框中设置各项参数如图 7-46 所示。

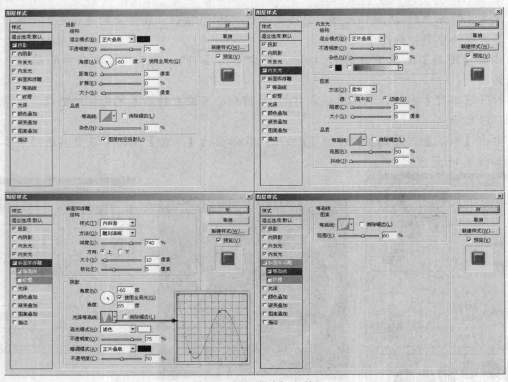

图7-46 【图层样式】对话框

(10) 单击 [好] 按钮，添加图层样式后的图形效果如图 7-47 所示。

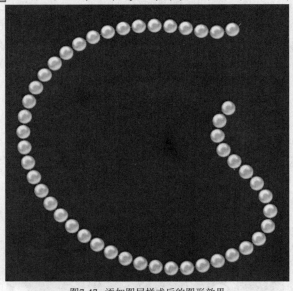

图7-47 添加图层样式后的图形效果

(11) 选择菜单栏中的【文件】/【存储】命令，将文件命名为"制作珍珠项链.psd"进行保存。

案例小结

打开素材文件中"图库\第 07 章"目录下名为"图层样式.psd"的文件，其各层中的图像及【图层】面板如图 7-48 所示。

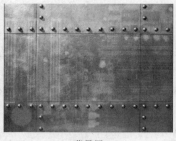

| 背景层 | 文字 | 【图层】面板 |

图7-48 打开的文件

使用【图层样式】下一级菜单命令后，图像产生的各种效果如图 7-49 所示。

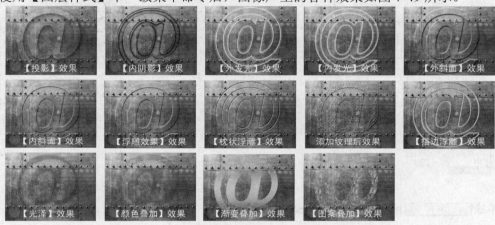

图7-49 使用【图层样式】命令产生的各种效果

7.3 实训练习

通过本章案例的学习，读者自己动手进行以下实训练习。

7.3.1 制作木纹雕刻效果

打开图库素材，利用【内阴影】、【斜面和浮雕】、【颜色叠加】等图层样式命令，制作木纹雕刻效果，素材图片及制作的木纹雕刻效果如图 7-50 所示。

图7-50 图片素材及制作的木纹雕刻效果

操作步骤

(1) 打开素材文件中名为"木纹.jpg"和"图案.jpg"的图片文件,利用【选择】/【色彩范围】命令将黑色的图案选择后,移动复制到"木纹"文件中。

(2) 利用【图层】/【图层样式】命令为图案添加内阴影、斜面和浮雕以及颜色叠加效果,参数设置如图 7-51 所示。

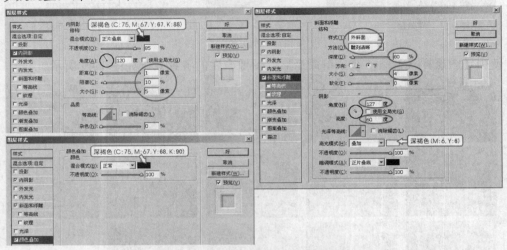

图7-51 【图层样式】对话框中各选项及参数设置

(3) 单击 好 按钮,即可制作出木纹雕刻效果。

7.3.2 设计网络广告

灵活运用本章学习的图层知识设计如图 7-52 所示的网络广告。

图7-52 设计的网络广告

 操作步骤

(1) 新建背景颜色为绿色(C:85,M:10,Y:100,K:0)的文件,然后选取 工具,设置一个虚化的笔头后,在画面中描绘深黄色(C:20,M:0,Y:100,K:0),效果如图 7-53 所示。

(2) 新建"图层 1",利用 工具依次绘制选区,并分别为其填充由橘红色到透明的线性渐变色,效果如图 7-54 所示。

图7-53 描绘的背景效果

图7-54 绘制的图形

(3) 将"图层 1"的图层混合模式设置为"滤色"，然后利用 ◯ 工具结合【编辑】/【描边】命令和【选择】/【变换选区】命令，依次在新建的"图层 2"中绘制出如图 7-55 所示的圆圈图形，再将"图层 2"的图层混合模式设置为"柔光"。

(4) 打开素材图片，依次将其移动复制到新建的文件中，并调整至如图 7-56 所示的大小及位置。

图7-55 绘制的圆圈图形

图7-56 素材图片调整后的大小及位置

(5) 依次绘制图形，并利用【图层样式】命令为其添加效果制作按钮，然后依次输入相关的文字即可。

 操作与练习

一、填空题

1. 在处理图像的过程中，几乎每一幅图像都要用到_____。

2. 常用的图层类型主要分为_____、_____、_____、_____、_____、_____和_____等类。

3. 图层样式的主要作用是给当前图层中的图像添加_____。

二、选择题

1. 【图层】面板的主要功能是显示当前图像的（ ）。

A．图层 B．图层样式 C．混合模式设置 D．不透明度设置

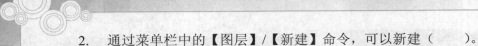

2. 通过菜单栏中的【图层】/【新建】命令，可以新建（　　）。

A. 普通图层 　　　　　　　　　　 B. 背景图层

C. 文字图层 　　　　　　　　　　 D. 图层组

3. 在【图层】面板中，新建图层按钮是（　　），添加图层样式按钮是（　　），删除图层按钮是（　　）。

A. 　　　　　　　　　　 B.

C. 　　　　　　　　　　 D.

E.

三、简答题

1. 简述利用图层进行图像处理的优点。

2. 简述图层的复制和删除操作。

四、操作题

1. 在素材文件中打开名为"T7-05.jpg"和"T7-06.jpg"的图片文件，如图 7-57 所示。用本章介绍的图层混合模式，制作如图 7-58 所示图像合成效果。

图7-57　打开的图片　　　　　　　　　　　　　　　　图7-58　图像合成效果

2. 在素材文件中打开名为"大提琴.jpg"和"天空.jpg"的图片文件，如图 7-59 所示。利用本章 7.2.1 小节介绍的操作方法，制作如图 7-60 所示的图像合成效果。

图7-59　打开的图片　　　　　　　　　　　　　　图7-60　制作的图像合成效果

3. 灵活运用【图层样式】命令制作如图 7-61 所示的网页按钮效果。

图7-61　制作的网页按钮效果

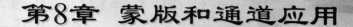

第8章 蒙版和通道应用

蒙版和通道是 Photoshop 中除图层、路径外，另外两个比较重要的概念。对于初学者来说，蒙版和通道比较难理解，在模仿一些书中的实例进行操作时，往往因为有关蒙版或通道的步骤而无法成功地做出相应的效果，或虽然根据步骤做出了效果，但还是对它们没有一个清晰的认识。因此，本章将详细介绍蒙版和通道的有关内容，并以相应的实例加以说明，以便读者对它们有一个全面的认识。

- 掌握蒙版概念。
- 学会新建蒙版和蒙版的使用。
- 学会关闭和删除蒙版。
- 掌握通道的概念和【通道】面版。
- 学会创建新通道。
- 学会通道的复制和删除、拆分与合并等。

8.1 蒙版应用

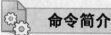 命令简介

蒙版概述：蒙版主要用于保护被屏蔽的图像区域。当图像添加蒙版后，对图像进行编辑操作时，所使用的命令对被屏蔽的区域不产生任何影响，而对未被屏蔽的区域才起作用。

8.1.1 制作焦点蒙版效果

【例8-1】 利用【蒙版】命令，制作如图 8-1 所示的焦点蒙版效果。

 操作步骤

(1) 按 Ctrl+O 组合键，打开素材文件中名为 "儿童与狗.jpg" 的图片文件，如图 8-2 所示。

图8-1 制作完成的焦点蒙版效果

图8-2 打开的图片

(2) 执行【图层】/【新建】/【通过拷贝的图层】命令，将"背景"层通过复制生成"图层 1"。

(3) 将"背景"层设置为当前层，然后单击"图层 1"左侧的 ◉ 按钮将其隐藏，此时【图层】面板的形态如图 8-3 所示。

(4) 选择菜单栏中的【滤镜】/【模糊】/【径向模糊】命令，在弹出的【径向模糊】对话框中设置参数如图 8-4 所示。

图8-3 【图层】面板

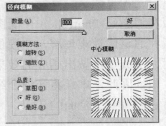

图8-4 【径向模糊】对话框

(5) 单击 好 按钮，执行【径向模糊】命令后的效果如图 8-5 所示。

(6) 单击"图层 1"左侧的 按钮将其显示，并设置为当前层，然后单击【图层】面板底部的 按钮添加图层蒙版。

(7) 确认前景色和背景色分别为默认的黑色和白色，然后按 X 键，将前景色和背景色互换。

(8) 单击工具箱中的 按钮，激活属性栏中的 按钮，将鼠标指针移动到画面的中心位置按下鼠标左键并向下拖曳，为蒙版填充从前景到背景的径向渐变色，编辑蒙版后的效果如图 8-6 所示。

图8-5 执行【径向模糊】命令后的效果

图8-6 编辑蒙版后的效果

(9) 选择 工具，激活属性栏中的 按钮，并单击 选项右侧的倒三角按钮，在弹出的【渐变样式】面板中选择如图 8-7 所示的渐变样式。

(10) 新建"图层 2"，然后将鼠标指针移动到画面的中心位置按下鼠标左键并向下拖曳，为画面填充编辑的渐变颜色，效果如图 8-8 所示。

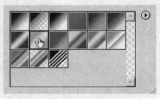

图8-7 【渐变样式】面板

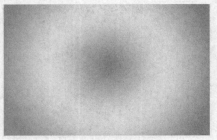

图8-8 填充渐变色后的效果

(11) 将"图层 2"的图层混合模式设置为"柔光",更改混合模式后的效果如图 8-9 所示。

(12) 单击【图层】面板底部的 ![icon] 按钮,为"图层 2"添加图层蒙版,然后利用 ![icon] 工具,为蒙版填充从黑色到白色的径向渐变色编辑蒙版,效果如图 8-10 所示。

图8-9 更改混合模式后的效果

图8-10 编辑蒙版后的效果

(13) 按 Shift+Ctrl+S 组合键,将此文件另命名为"焦点蒙版效果.psd"进行保存。

 案例小结

在本例焦点蒙版效果的制作过程中,主要利用了【径向模糊】命令、蒙版的添加和编辑、【渐变】工具以及图层混合模式。在此例的介绍中,读者可以尝试在图像中执行其他【滤镜】命令,然后再编辑不同的蒙版样式,可以制作出不同的艺术效果。

一、创建蒙版

创建蒙版的方法比较多,具体分为以下 4 种。

- 利用工具箱中的任意一种选区工具在打开的图像中绘制选区,然后执行菜单栏中【图层】/【添加图层蒙版】命令,即可得到一个图层蒙版。

 要点提示　在打开的图像文件中绘制选区时,必须确认当前图像图层为普通图层。另外,在图像中绘制选区后,执行菜单栏中的【选择】/【羽化】命令,再执行菜单栏中的【图层】/【添加图层蒙版】命令,可以得到虚化的图像效果。

- 在图像中已具有选区的情况下,在【图层】面板中单击 ![icon] 按钮可以为选区以外的图像部分添加蒙版。如果图像中没有选区,单击 ![icon] 按钮可以为整个画面添加蒙版。

- 在图像中已具有选区的情况下,在【通道】面板中单击 ![icon] 按钮可以将选区保存在通道中,并产生一个具有蒙版性质的通道。如果图像中没有选区,在【通道】面板中单击 ![icon] 按钮,新建一个"Alpha 1"通道,然后利用绘图工具在新建的"Alpha 1"通道中绘制白色,也会在通道上产生一个蒙版通道。

- 在工具箱中单击 ![icon] 按钮,可在图像中产生一个快速蒙版。

给图层中的图像添加了蒙版之后,图层蒙版中各图标的含义如图 8-11 所示。

需要注意的是:蒙版只能在图层上新建或

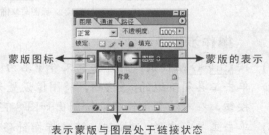

蒙版图标 ← → 蒙版的表示

表示蒙版与图层处于链接状态

图8-11 图层蒙版中各图标的含义

在通道中生成，在图像的背景图层上是无法建立的。当需要给一个背景图层图像添加蒙版时，可以先将背景图层复制为普通图层，然后再创建蒙版。

二、关闭、删除和应用蒙版

在图像文件中如果为某一图层添加了蒙版后，菜单栏中的【添加图层蒙版】命令将变为【停用图层蒙版】命令和【移去图层蒙版】命令。当感觉蒙版效果不好或不需要蒙版时，可执行这些命令，将蒙版关闭或删除，如果满意可执行应用的命令将其保留。

- 关闭蒙版：在图像文件中添加了蒙版后，选择菜单栏中的【图层】/【停用图层蒙版】命令，在【图层】面板中添加的蒙版将出现红色的交叉符号，即可以将蒙版关闭。此时【停用图层蒙版】命令变为【启用图层蒙版】命令，再次执行此命令，可启用蒙版。
- 删除蒙版：选择菜单栏中的【图层】/【移去图层蒙版】/【扔掉】命令，在【图层】中添加的蒙版将被删除，图像文件将还原没有设置蒙版之前的效果。
- 应用蒙版：当在图像文件中添加了蒙版后，选择菜单栏中的【图层】/【移去图层蒙版】/【应用】命令，可以应用蒙版保留图像当前的状态，同时【图层】面板中的蒙版被删除。

8.1.2 面部皮肤美容效果处理

【例8-2】 制作面部皮肤美容效果。

很多杂志封面中的电影明星照片，其皮肤非常细腻光滑，其中大部分都进行了后期的皮肤效果处理。本实例结合快速蒙版编辑模式的使用，来制作面部皮肤美容效果，原图片及处理后的效果如图 8-12 所示。

图8-12 原图与修饰完成的皮肤效果对比

操作步骤

(1) 按 Ctrl+O 组合键，打开素材文件中名为"人物.jpg"的图片文件。

(2) 单击工具箱下边的 ▢ 按钮，将图像设置为快速蒙版编辑模式，然后单击工具箱中的 ✎ 按钮，在人物面部轮廓处绘制出如图 8-13 所示的蒙版颜色。

(3) 单击工具箱中的 ◌ 按钮，将鼠标指针移动到人物的面部上单击，填充蒙版颜色，效果如图 8-14 所示。

图8-13 绘制的蒙版颜色

图8-14 填充蒙版颜色后的效果

(4) 单击工具箱中的 ▣ 按钮，将图像蒙版编辑模式转换为标准模式，在画面中没有被屏蔽的区域出现如图 8-15 所示的选区。

(5) 按 Shift+Ctrl+I 组合键，将选区反选，然后按 Ctrl+J 组合键，将选区中的面部图像复制生成 "图层1"。

(6) 执行【滤镜】/【模糊】/【高斯模糊】命令，弹出【高斯模糊】对话框，参数设置如图 8-16 所示。

图8-15 出现的选区形态

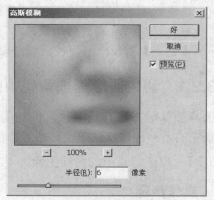
图8-16 【高斯模糊】对话框

(7) 单击 好 按钮，执行【高斯模糊】命令后的效果如图 8-17 所示。

(8) 单击【图层】面板下方的 ▣ 按钮，为 "图层 1" 添加图层蒙版，然后利用 ✐ 工具，在眼睛、眉毛、鼻子、嘴和下巴位置处描绘黑色编辑蒙版，使其显示出背景层中清晰的效果来，如图 8-18 所示。

图8-17 执行【高斯模糊】命令后的效果

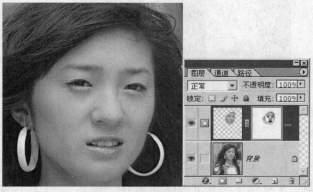
图8-18 编辑蒙版后的效果

(9) 至此，面部皮肤效果已经修饰完成，按 Shift + Ctrl + S 组合键，将此文件另命名为"面部美容.psd"进行保存。

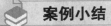 **案例小结**

本案例主要灵活运用快速蒙版来创建选区。在 Photoshop 中，快速蒙版的作用是用来创建、编辑和修改选区的。单击工具箱下方的 ▣ 按钮就可直接创建快速蒙版。当创建了快速蒙版后，图像就等于是创建了一层暂时的遮罩层，此时可以在图像上利用画笔、橡皮擦等工具进行编辑。在快速蒙版状态下，被选取的区域显示原图像，而被屏蔽不被选取的区域显示默认的半透明红色。

8.2 通道应用

 命令简介

- 通道的概念：通道主要用于保存颜色数据。利用它可以查看图像各种通道信息，还能对通道进行编辑，从而达到编辑图像的目的。
- 【通道】面板：利用该面板可以完成创建、复制或删除通道等操作。

8.2.1 利用通道抠选背景中的婚纱

选择图像的方法有很多种，但利用通道选择复杂的图像有其独到之处。下面利用通道将背景中的婚纱图像抠选出来，然后添加上新的背景，制作如图 8-19 所示的合成效果。

【例8-3】 抠选背景中的婚纱图像。

 操作步骤

(1) 按 Ctrl + O 组合键，打开素材文件中名为"婚纱照.jpg"的文件，如图 8-20 所示。

图8-19 合成后的图像效果　　　　　　　　　　　图8-20 打开的图片文件

(2) 打开【通道】面板，将明暗对比较明显的"红"通道设置为工作状态，再单击面板底部的 ◯ 按钮，载入"红"通道的选区。然后按 Ctrl + ~ 组合键转换到 RGB 通道模式，载入的选区形态如图 8-21 所示。

(3) 返回到【图层】面板中新建"图层 1"，将图层混合模式设置为"滤色"，并为"图层

1"填充红色，在【色板】中选择的颜色及填充的图层如图 8-22 所示，填充红色后的效果如图 8-23 所示。

图8-21 载入的选区形态

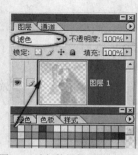

图8-22 选择的颜色及填充的图层

图8-23 填充红色后的效果

(4) 使用相同的方法，分别新建 "图层 2"和"图层 3"，图层混合模式都设置为 "滤色"，为"图层 2"填充绿色，为"图层 3"填充蓝色，选择的颜色及填充的图层如图 8-24 所示，填充颜色后的效果如图 8-25 所示。

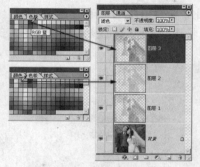

图8-24 选择的颜色及填充的图层

图8-25 填充颜色后的效果

(5) 按 Ctrl+D 组合键去除选区，然后按两次 Ctrl+E 组合键，将"图层 3"和"图层 2"向下合并到"图层 1"中。

(6) 将"背景"层复制生成为"背景 副本"层，然后为"背景"层填充深蓝色（C:100,M:100,Y:8,K:8）。

(7) 将"背景 副本"层设置为当前层，再单击【图层】面板底部的 按钮，为"背景 副本"层添加图层蒙版，然后利用 工具，在画面中绘制黑色编辑蒙版，效果如图 8-26 所示。

(8) 将"图层 1"设置为当前层，再选择 工具，单击属性栏中的 按钮，在弹出的【画笔】选项面板中设置参数如图 8-27 所示，然后将人物外的其他部分擦除，效果如图 8-28 所示。

图8-26 编辑蒙版后的效果

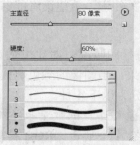

图8-27 【画笔】选项面板

图8-28 擦除后的效果

(9) 按 Shift+Ctrl+S 组合键，将此文件另命名为 "选取婚纱.psd" 保存。

(10) 打开素材文件中名为 "风景.jpg" 的图片文件，如图 8-29 所示。

图8-29　打开的图片

(11) 将 "选取婚纱" 文件设置为工作状态，然后将 "背景 副本" 层和 "图层 1" 同时选中，并将其移动复制到 "风景.jpg" 文件中，分别生成 "图层 1" 和 "图层 2"。

(12) 利用【编辑】/【自由变换】命令，将复制的人物图像调整合适的大小后放置到如图 8-30 所示的位置。

图8-30　图像放置的位置

(13) 选择菜单栏中的【文件】/【存储为】命令，将此文件另命名为 "合成背景.psd" 进行保存。

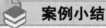案例小结

本案例通过利用通道抠选黑色背景中的婚纱练习，主要介绍了利用【通道】选择复杂图像的方法以及有关蒙版方面的相关知识，希望读者能够将其熟练掌握。

一、通道的概念

在通道中可以对各原色通道进行明暗度、对比度的调整，还可以对原色通道单独执行滤镜命令，从而制作出多种特殊效果。当图像的颜色、模式不同时，通道的数量和模式也会不同。在 Photoshop 中，通道主要分为以下 4 种。

● 复合通道：不同模式的图像其通道的数量也不一样，在默认情况下，位图、灰度和索引模式的图像只有 1 个通道，RGB 模式和 Lab 模式的图像有 3 个通道，CMYK 模式的图像有 4 个通道。为了便于读者的理解，本书为 RGB 颜

色模式和 CMYK 颜色模式的图像制作了如图 8-31 所示的通道原理图解。在图 8-31 中，【通道】面板的最上面一通道（复合通道）代表每个通道叠加图像后的图像颜色，下面的通道代表拆分后的单色通道。

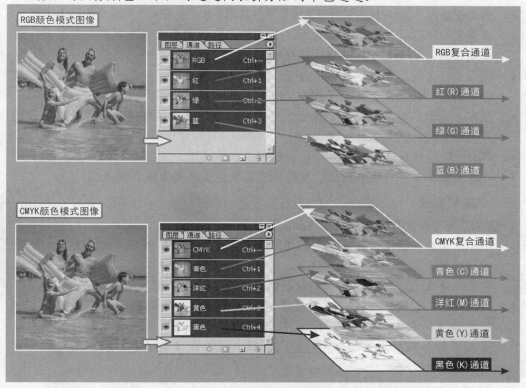

图8-31　RGB 颜色模式和 CMYK 颜色模式的图像通道原理图解

 要点提示　Photoshop 中的图像都有一个或多个通道，图像中默认的颜色通道数取决于其颜色模式。每个颜色通道都存放图像颜色元素的信息，图像中的色彩像素是通过叠加每一个颜色通道而获得的。在四色印刷中，青、品、黄、黑印版就相当于 CMYK 颜色模式图像中的 C、M、Y、K 4 个通道。

- 单色通道：在【通道】面板中，单色通道都显示为灰色，它通过 0～256 级亮度的灰度表示颜色。在通道中很难控制图像的颜色效果，所以一般不采取直接修改颜色通道的方法改变图像的颜色。

- 专色通道：在进行颜色较多的特殊印刷时，除了默认的颜色通道外，还可以在图像中创建专色通道。例如，印刷中常见的烫金、烫银或企业专有色等都需要在图像处理时，进行通道专有色的设置。在图像中添加专色通道后，必须将图像转换为多通道模式后才能够进行印刷输出。

- Alpha 通道：用于保存蒙版，让被屏蔽的区域不受任何编辑操作的影响，从而增强图像的编辑操作。

二、【通道】面板

在工作区中，打开一幅 RGB 颜色模式的图像文件，其【通道】面板如图 8-32 所示。

- ◉（指示通道可视性）图标：此图标与【图层】面板中的

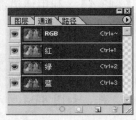

图8-32　【通道】面板

图标是相同的，多次单击可以使通道在显示或隐藏间切换。注意，当【通道】面板中某一单色通道被隐藏后，复合通道会自动隐藏；当选择或显示复合通道后，所有的单色通道也会自动显示。

- 通道缩览图：图标右侧为通道缩览图，其主要作用是显示当前通道的颜色信息。
- 通道名称：通道缩览图的右侧为通道名称，它能使用户快速识别各种通道，通道名称的右侧为切换该通道的快捷键。
- （将通道作为选区载入）按钮：可以将当前通道中颜色比较淡的部分当做选区加载到图像中，相当于按住 Ctrl 键单击该通道所得到的选区。
- （将选区存储为通道）按钮：可以将当前的选择区存储为通道。当前通道中有选区时，此按钮才可用。
- （创建新通道）按钮：可以创建一个新的通道。
- （删除当前通道）按钮：可以将当前选择或编辑的通道删除。

三、创建新通道

新建的通道主要有两种，分别为 Alpha 通道和专色通道。

- Alpha 通道的创建：在【通道】菜单中选择【新通道】命令，或按住 Alt 键单击【通道】面板底部的 按钮，在弹出的【新通道】对话框中设置相应的参数后，单击 好 按钮，即可创建新的 Alpha 通道。
- 专色通道的创建：在【通道】菜单中选择【新专色通道】命令，或按住 Ctrl 键单击【通道】面板底部的 按钮，在弹出的【新专色通道】对话框中设置相应的参数后，单击 好 按钮，便可在【通道】面板中创建新的专色通道。

四、通道的复制和删除

在【通道】面板中，除了利用 和 按钮新建和删除通道外，还可以利用以下几种方法对通道进行复制或删除操作。

- 复制通道：在【通道】面板中，将要复制的通道设置为当前通道，然后在【通道】菜单中选择【复制通道】命令，或在此通道上单击鼠标右键，在弹出的快捷菜单中选择【复制通道】命令，系统会弹出【复制通道】对话框，在对话框中设置相应的参数后，单击 好 按钮，即可完成通道的复制。
- 删除通道：在【通道】面板中，将要删除的通道设置为当前通道，然后在【通道】菜单中选择【删除通道】命令，或在此通道上单击鼠标右键，在弹出的快捷菜单中选择【删除通道】命令，即可完成通道的删除。

8.2.2 利用通道选择图像

【例8-4】 利用通道命令在照片中选择人物，然后为其更换背景，制作如图 8-33 所示的合成效果。

 操作步骤

(1) 选择菜单栏中的【文件】/【打开】命令，打开素材文件中名为"美女.jpg"的图片文件，如图 8-34 所示。

图8-33 合成图像

图8-34 打开的图片文件

(2) 在【通道】面板依次单击"红"、"绿"、"蓝"通道，观察画面中人物与背景对比的强烈程度，通过观察可以看出"蓝"通道中的对比最强，因此在"蓝"通道上单击，将该通道选中。

(3) 单击【通道】面板中右上角的 ▶ 按钮，在弹出的下拉菜单中选择【复制通道】命令，弹出如图 8-35 所示的【复制通道】对话框，单击 好 按钮，将【通道】面板中的"蓝"通道复制成为"蓝 副本"通道，如图 8-36 所示。

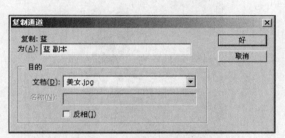

图8-35 【复制通道】对话框

图8-36 【通道】面板

(4) 选择菜单栏中的【图像】/【调整】/【亮度/对比度】命令，弹出【亮度/对比度】对话框，其参数设置如图 8-37 所示。

(5) 单击 好 按钮，执行【亮度/对比度】命令后的效果如图 8-38 所示。

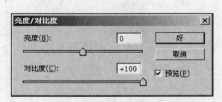

图8-37 【亮度/对比度】对话框

图8-38 执行【亮度/对比度】命令后的效果

(6) 将工具箱中的前景色设置为黑色，然后单击工具箱中的 ✏ 按钮，并将画笔的【硬度】参数设置为"100%"。

(7) 设置合适的笔尖大小后，根据人物的边缘描绘黑色，如图 8-39 所示。继续在人物图像的区域描绘黑色，最终效果如图 8-40 所示。

图8-39 描绘黑色

图8-40 将人物覆盖黑色后的效果

(8) 将工具箱中的前景色设置为白色，然后利用 🖊 工具将图像右下角的黑色区域描绘成白色，效果如图 8-41 所示。

(9) 单击【通道】面板底部的 ⊙ 按钮，将通道作为选区载入，然后按 Ctrl+∼ 组合键，返回到 RGB 颜色模式显示状态，如图 8-42 所示。

图8-41 描绘颜色后的效果

图8-42 生成的选区

(10) 按 Shift+Ctrl+I 组合键将选区反选，即将人物选中，然后打开素材文件中名为"背景.jpg"的图片文件，如图 8-43 所示。

(11) 将"美女"文件设置为当前状态，然后利用工具箱中的 ╬ 工具将选区中的人物移动复制到"背景"文件中，如图 8-44 所示。

图8-43 打开的图片

图8-44 移动复制的人物图片

(12) 选择菜单栏中的【编辑】/【变换】/【水平翻转】命令，将人物图片在水平方向上翻转，然后利用【编辑】/【自由变换】命令将图片调整至如图 8-45 所示的大小及位置。

(13) 单击工具箱中的 按钮，将鼠标指针移动到人物胳膊及手位置的背景色区域单击，即可将背景去除，效果如图 8-46 所示。

图8-45　图片调整后的大小及位置　　　　　　　　图8-46　擦除背景色后的效果

(14) 选择菜单栏中的【文件】/【存储为】命令，将其重新命名为"选图像.psd"进行保存。

案例小结

本案例主要介绍了利用【通道】选择复杂图像的方法，此方法在以后的实际工作中将会经常用到，希望读者能够熟练掌握。

8.2.3　利用通道制作浮雕效果字

【例8-5】　利用通道及几种滤镜命令制作浮雕效果字，制作完成的效果如图 8-47 所示。

操作步骤

(1) 按 Ctrl+O 组合键，打开素材文件中名为"石头.jpg"的文件，如图 8-48 所示。

图8-47　制作完成的浮雕效果字　　　　　　　　图8-48　打开的图片

(2) 将工具箱中的前景色设置为绿色（C:70,M:0,Y:100,K:0），单击工具箱中的 T 按钮，在画面中输入如图 8-49 所示的文字。

(3) 选择菜单栏中的【图层】/【栅格化】/【文字】命令，将文字图层转换成普通图层。

(4) 按住 Ctrl 键，单击【图层】面板中的"岩石"层，为输入的文字添加选区，然后单击【通道】面板底部的 按钮，将选区存储为"Alpha 1"通道，并将其设置为工作状态。

(5) 按 Ctrl+D 组合键去除选区，然后选择菜单栏中的【滤镜】/【模糊】/【高斯模糊】命令，弹出【高斯模糊】对话框，设置各项参数如图 8-50 所示。

图8-49 输入的文字

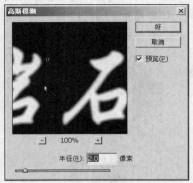

图8-50 【高斯模糊】对话框

(6) 单击 好 按钮，执行【高斯模糊】命令后的效果如图 8-51 所示。

(7) 选择菜单栏中的【滤镜】/【风格化】/【浮雕效果】命令，弹出【浮雕效果】对话框，设置各项参数如图 8-52 所示。

图8-51 执行【高斯模糊】命令后的效果

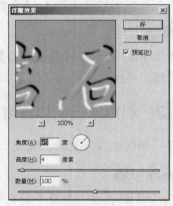

图8-52 【浮雕效果】对话框

(8) 单击 好 按钮，执行【浮雕效果】命令后的效果如图 8-53 所示。

(9) 在【通道】面板中的 "Alpha 1" 上按下鼠标左键向下拖曳到 按钮上，将 "Alpha 1" 通道复制生成为 "Alpha 1 副本" 通道。

(10) 选择菜单栏中的【图像】/【调整】/【反相】命令，将复制出的 "Alpha 1 副本" 进行反相，效果如图 8-54 所示。

图8-53 执行【浮雕效果】命令后的效果

图8-54 反相显示后的画面效果

(11) 选择菜单栏中的【图像】/【调整】/【色阶】命令，在弹出的【色阶】对话框中单击

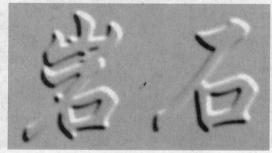 按钮，然后将鼠标指针放置在画面中如图 8-55 所示的位置单击，设置画面背景色为黑色，效果如图 8-56 所示。

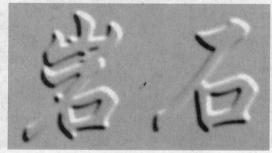
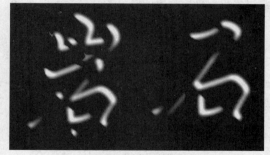

图8-55　鼠标指针单击的位置　　　　　　　　　图8-56　将背景设置为黑色后的效果

(12) 用与步骤 11 相同的方法，将 "Alpha 1" 通道中的文字也设置为黑色背景，效果如图 8-57 所示。

(13) 单击【通道】面板底部的 ◯ 按钮，将 "Alpha 1" 通道作为选区载入，载入的选区形态如图 8-58 所示。

图8-57　将背景设置为黑色后的效果　　　　　　　图8-58　载入的选区形态

(14) 按 Ctrl+〜组合键转换到 RGB 通道模式，然后返回到【图层】面板中，并确认"岩石"层为当前层。

(15) 选择菜单栏中的【图像】/【调整】/【色相/饱和度】命令，弹出【色相/饱和度】对话框，设置各项参数如图 8-59 所示。

(16) 单击 好 按钮，调整后的效果如图 8-60 所示，然后按 Ctrl+D 组合键去除选区。

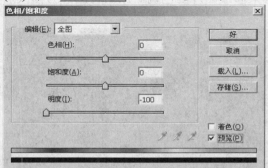

图8-59　【色相/饱和度】对话框　　　　　　　　图8-60　调整后的效果

(17) 用与步骤 13～14 相同的方法，将 "Alpha 1 副本" 通道作为选区载入，然后选择菜单栏中的【图像】/【调整】/【色相/饱和度】命令，弹出【色相/饱和度】对话框，设置各项参数如图 8-61 所示。

(18) 单击 [好] 按钮，调整后的效果如图 8-62 所示，然后按 Ctrl+D 组合键去除选区。

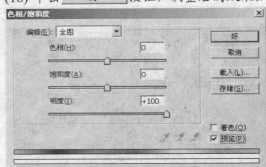

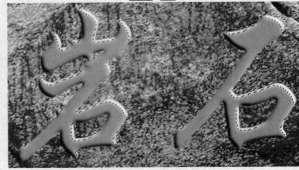

图8-61 【色相/饱和度】对话框　　　　　　　　　　　　　图8-62 调整后的效果

至此，浮雕效果字已制作完成，其整体效果如图 8-47 所示。

(19) 按 Shift+Ctrl+S 组合键，将其另命名为"浮雕效果字.psd"进行保存。

案例小结

在本例浮雕效果字的制作过程中，主要利用了通道保存选区的功能以及【滤镜】/【风格化】/【浮雕效果】命令、【滤镜】/【艺术效果】/【绘画涂抹】命令、【滤镜】/【模糊】/【高斯模糊】命令、【图像】/【调整】/【色阶】命令、【图像】/【调整】/【色相/饱和度】命令、【图像】/【调整】/【反相】命令等。在制作浮雕效果时，读者要注意【浮雕效果】对话框中的参数设置将直接影响所制作浮雕的效果。

8.3 实训练习

通过本章案例的学习，读者自己动手进行以下实训练习。

8.3.1 互换通道调整图片色调

下面利用【分离通道】与【合并通道】命令来修改图片的色调。原素材图片与修改后的色调效果对比如图 8-63 所示。

图8-63 原图片与调整色调后的效果对比

操作步骤

(1) 打开素材文件中名为"树林.jpg"的文件。

(2) 单击【通道】面板中右上角的 按钮,在弹出的菜单中选择【分离通道】命令,将图片分离,此时原图像被关闭,生成的灰度图像以原文件名和通道缩写形式重新命名,分别置于不同的图像窗口中,相互独立。

(3) 再次单击【通道】面板中右上角的 按钮,在弹出的菜单中选择【合并通道】命令,在弹出的【合并通道】对话框中将【模式】选项设置为"RGB 颜色",单击 好 按钮,在弹出的【合并 RGB 通道】对话框中指定各颜色的通道,如图 8-64 所示。

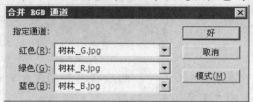

图8-64 【合并 RGB 通道】对话框

(4) 单击 好 按钮,即可完成互换通道调整图片色调的操作。

8.3.2 合成电视广告

灵活运用图层蒙版将各素材图片进行合成,设计出如图 8-65 所示的电视广告。

操作步骤

(1) 新建文件,然后为背景层填充蓝色(C:100,M:95,Y:20,K:40)。

(2) 新建"图层 1",为其填充土黄色(C:45,M:60,Y:100,K:0),然后为其添加图层蒙版,并利用 工具为蒙版由上至下填充由黑色到白色的线性渐变色,效果如图 8-66 所示。

图8-65 合成的电视广告

图8-66 添加图层蒙版后的效果

(3) 打开素材文件中名为"天空.jpg"的文件,然后将其移动复制到新建的文件中,如图 8-67 所示。

(4) 为生成的"图层 2"添加图层蒙版，利用 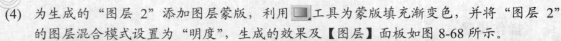 工具为蒙版填充渐变色，并将"图层 2"的图层混合模式设置为"明度"，生成的效果及【图层】面板如图 8-68 所示。

图8-67 移动复制入的天空图片

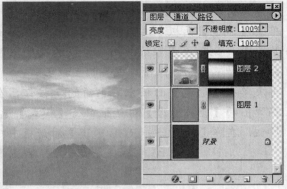

图8-68 编辑蒙版及调整混合模式后的效果

(5) 打开素材文件中名为"冲浪.jpg"的文件，然后将其移动复制到新建的文件中，调整至合适的大小后放置到画面的左下角位置。

(6) 为生成的"图层 3"添加图层蒙版，然后利用 工具编辑蒙版，并将"图层 3"的图层混合模式设置为"明度"，生成的效果及【图层】面板如图 8-69 所示。

图8-69 合成的冲浪画面

(7) 打开素材文件中名为"电视.psd"的文件，然后将电视移动复制到新建文件中。

(8) 复制电视层，然后利用【自由变换】命令将下方的图像调整至如图 8-70 所示的形态。

(9) 将下方电视的图层混合模式设置为"变暗"，然后为其添加图层蒙版，并制作出如图 8-71 所示的效果。

图8-70 下方图像调整后的形态

图8-71 制作的倒影效果

(10) 将"天空.jpg"文件设置为工作状态，然后依次按 $\boxed{Ctrl}$+$\boxed{A}$ 组合键和 $\boxed{Ctrl}$+$\boxed{C}$ 组合键，将图像选择并复制。

(11) 将新建的文件设置为工作状态，利用 ✏ 工具加载电视中的白色区域，然后执行菜单栏中的【编辑】/【贴入】命令，将复制的图像贴入选区中，再利用【自由变换】命令将其调整至如图 8-72 所示的大小，此时的【图层】面板如图 8-73 所示。

(12) 打开素材文件中名为"地砖.psd"的文件，然后将其移动复制到新建的文件中，调整大小后放置到如图 8-74 所示的位置。

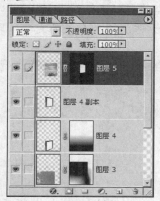

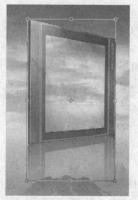

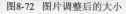
图8-72 图片调整后的大小　　　　图8-73 【图层】面板形态　　　　图8-74 图片调整后的大小及位置

(13) 用相同的方法制作出另两组电视，如图 8-75 所示，其中"天空"图片进行了调色处理，调色参数如图 8-76 所示。

图8-75 制作出的另两组电视　　　　　　　　图8-76 调色参数设置

(14) 将素材文件中名为"跳高.jpg"和"游泳.jpg"的文件打开，然后分别移动复制到新建的文件中，调整至如图 8-77 所示的大小及位置。

图8-77 人物图片调整后的大小及位置

(15) 分别为"跳高"和"游泳"图片生成的图层添加图层蒙版，并利用 ✏ 工具进行编辑，编辑蒙版后的效果及【图层】面板形态如图 8-78 所示。

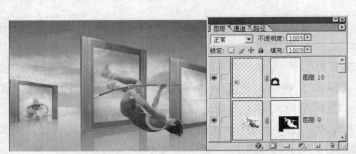

图8-78 编辑蒙版后的效果及【图层】面板形态

(16) 最后利用 T 工具在画面的上方依次输入白色的文字，即可完成电视广告画面的合成。

操作与练习

一、填空题

1. 通道主要用于_____，利用它可以查看_____，还能对通道进行编辑从而达到_____的目的。

2. 蒙版主要用于_____，当图像添加蒙版后，对图像进行编辑操作时，所使用的命令对被屏蔽的区域_____，而对未被屏蔽的区域_____。

二、选择题

1. 在 Photoshop 中，由于图像的颜色、模式不同，通道主要分为（   ）。

    A．复合通道   B．专色通道

    C．单色通道   D．Alpha 通道

2. 蒙版只能在图层上新建或在通道中生成，在图像的（   ）上是无法建立的。当需要给一个背景图层图像添加蒙版时，可以先将背景图层转换为（   ），然后再创建蒙版。

    A．背景图层   B．普通图层

    C．文字图层   D．蒙版图层

三、简答题

1. 简述创建通道的方法。

2. 简述创建蒙版的方法。

四、操作题

1. 在素材文件中打开名为"婚纱 04.jpg"和"竹林.jpg"的图片，如图 8-79 所示。利用本章 8.2.1 小节介绍的操作方法，制作如图 8-80 所示的婚纱图像合成效果。

图8-79 打开的图片

图8-80 制作的婚纱合成效果

2. 在素材文件中分别打开名为"人物 02.jpg"和"蝴蝶背景.jpg"的图片，如图 8-81 所示。用本章介绍的蒙版命令，制作如图 8-82 所示的图像合成效果。

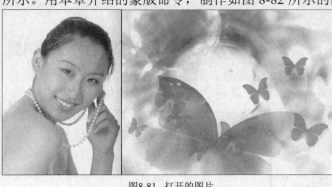

图8-81 打开的图片 图8-82 制作的图像合成效果

3. 在素材文件中打开名为"照片 02.jpg"的图片，如图 8-83 所示。利用本章 8.1.2 小节介绍的操作方法，制作如图 8-84 所示的面部皮肤美容效果。

图8-83 打开的图片 图8-84 制作完成的面部皮肤美容效果

本章主要介绍 Photoshop CS 菜单中的【编辑】命令。在前面几章的实例制作过程中已经介绍和使用了其中的部分命令，相信读者对这些命令也有了一定的认识。在图像处理过程中，将工具和菜单命令配合使用，可以大大提高工作效率。熟练掌握这些命令也是进行图像特殊艺术效果处理的关键。

学习目标

- 学会【返回】和【恢复】命令操作。
- 学会【剪切】和【拷贝】命令操作。
- 学会【填充】和【描边】命令操作。
- 学会【变换】命令操作。
- 学会定义命令操作。

9.1 【返回】命令与【恢复】命令

【返回】命令与【恢复】命令主要是对图像处理过程中出现的失误进行纠正的命令。

 命令简介

- 【还原】命令：将图像文件恢复到最后一次编辑操作前的状态。
- 【向前】命令：在图像中有被撤销的操作时，选择该命令，将向前恢复一步操作。
- 【返回】命令：选择该命令将向后撤销一步操作。
- 【消褪】命令：对上一步图像的编辑操作进行不透明度和模式的调整。

【例9-1】 利用【返回】命令与【恢复】命令对图像进行恢复操作练习。

 操作步骤

(1) 选择菜单栏中的【文件】/【打开】命令，打开素材文件中名为"球.jpg"的图片文件，如图 9-1 所示。

(2) 将工具箱中的前景色设置为绿色（C:60,M:0,Y:100,K:0），然后单击工具箱中的 按钮，并设置属性栏中的选项如图 9-2 所示。

图9-1 打开的图片

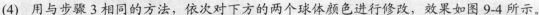

图9-2 设置的选项

(3) 将鼠标指针移动到画面中左上角处的球位置拖曳鼠标，为该球修改颜色，注意鼠标指针的十字不要超出球的范围，并且在没有完全修改好球的颜色之前不要释放鼠标，修改颜色后的效果如图 9-3 所示。

(4) 用与步骤 3 相同的方法，依次对下方的两个球体颜色进行修改，效果如图 9-4 所示。

图9-3 修改后的球颜色

图9-4 其他球体修改颜色后的效果

(5) 选择菜单栏中的【编辑】/【还原颜色替换工具】命令，即可将图像文件恢复到最后一次操作前的状态，如图 9-5 所示。

 要点提示 菜单栏中【编辑】/【还原】命令的快捷键为 Ctrl + Z，当执行了此命令后，该命令将变为【编辑】/【重做】命令。

(6) 选择菜单栏中的【编辑】/【重做颜色替换工具】命令，即可将图像文件恢复到刚绘制后的图像状态，如图 9-6 所示。

图9-5 恢复到最后一次操作前的图像状态

图9-6 恢复到刚绘制后的图像状态

(7) 选择菜单栏中【编辑】/【返回】命令，即可将对图像文件中进行的操作，按照从后向前的顺序返回到文件刚打开时的状态。

 要点提示 菜单栏中【编辑】/【返回】命令的快捷键为 Ctrl + Alt + Z，执行此命令，可以逐步去除前面所做的操作，每执行一次此命令，将向前撤销一步操作。

(8) 选择菜单栏中的【编辑】/【消褪颜色替换工具】命令，弹出【消褪】对话框，其参数设置如图 9-7 所示。

(9) 参数设置完成后单击 好 按钮，图像效果如图 9-8 所示。

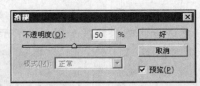

图9-7 【消褪】对话框　　　　　　　　　　　图9-8 执行【消褪】命令后的图像效果

要点提示　菜单栏中【编辑】/【消褪】命令的快捷键为 Shift+Ctrl+F，执行此命令，可以在弹出的【消褪】对话框中对上一步的图像编辑操作进行不透明度和模式的调整。

(10) 选择菜单栏中的【文件】/【恢复】命令，可以直接将编辑后的图像文件恢复到刚打开未编辑时的状态。如果在编辑过程中存储过图像文件，则恢复到最近一次存储文件时的状态。

 案例小结

在对图像或图形进行操作时，难免会有一些失误，此时可以选择菜单栏中的【编辑】/【还原】命令对所做的错误操作进行还原，但此命令只能够对操作撤销或还原一次。还可以利用菜单栏中的【编辑】/【返回】命令，对所做的操作进行多步撤销，系统默认的撤销步数为 20 步。也可以通过【编辑】/【预置】/【常规】命令，在弹出的【预置】对话框中，对【历史纪录状态】选项进行自定义撤销步数的设置。

菜单栏中的【编辑】/【向前】（或按 Ctrl+Shift+Z 组合键）命令，恰好与【编辑】/【返回】命令相反，对操作撤销后又想恢复到撤销前的形态，就可以利用【编辑】/【向前】命令完成此操作。

9.2 【拷贝】命令

图像的复制和粘贴主要包括【剪切】、【拷贝】、【粘贴】、【粘贴入】等命令，它们在实际工作中被频繁使用，并且要注意配合使用，即如果要复制图像，就必须先将复制的图像通过剪切或拷贝命令保存到剪贴板上，然后再通过【粘贴】或【粘贴入】命令将剪贴板上的图像粘贴到指定的位置。

 命令简介

- 【剪切】命令：将图像中被选择的区域保存至剪贴板上，并删除原图像中被选择的图像，此命令适用于任何图形图像设计软件。
- 【拷贝】命令：将图像中被选择的区域保存至剪贴板上，原图像保留，此命令适用于任何图形图像设计软件。

- 【合并拷贝】命令：此命令主要用于图层文件。可以将选区中所有图层的内容复制到剪贴板中，在粘贴时将合并为一个图层进行粘贴。
- 【粘贴】命令：将剪贴板中的内容作为一个新图层粘贴到当前图像文件中。
- 【粘贴入】命令：使用此命令时，当前图像文件中必须有选区。将剪贴板中的内容粘贴到当前图像文件中，并将选区设置为图层蒙版。
- 【清除】命令：将选区中的图像删除。

【例9-2】 利用图像的【拷贝】、【粘贴】等命令，制作如图9-9所示的相框效果。

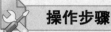 操作步骤

图9-9 制作的相框效果

(1) 选择菜单栏中的【文件】/【新建】命令，在工作区中新建一个【高度】为"16 厘米"，【宽度】为"12 厘米"，【分辨率】为"150 像素/英寸"，【颜色模式】为"RGB 颜色"，【背景内容】为"白色"的文件。

(2) 单击工具箱中的 ▢ 按钮，绘制出如图 9-10 所示的矩形选区。

(3) 在【图层】面板中新建"图层 1"，然后按 [D] 键，将工具箱中的前景色和背景色分别设置为默认的黑色和白色。

(4) 选择工具箱中的 ▢ 工具，激活属性栏中的 ▢ 按钮，然后确认【渐变编辑器】中的渐变颜色为"前景到背景"的渐变类型。

(5) 按住 [Shift] 键，将鼠标指针移动到选区的上方，按下鼠标左键并向下拖曳，其状态如图 9-11 所示。

(6) 拖曳到适当的位置后释放鼠标左键，填充渐变颜色后的效果如图 9-12 所示。

图9-10 绘制的矩形选区

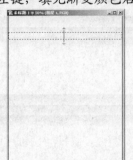

图9-11 拖曳鼠标时的状态

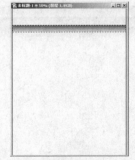

图9-12 填充渐变颜色后的效果

(7) 选择菜单栏中的【编辑】/【拷贝】命令，复制"图层 1"中绘制的图形，然后选择菜单栏中的【编辑】/【粘贴】命令，将复制的图形粘贴在画面中，在【图层】面板中生成"图层 2"，其【图层】面板如图 9-13 所示。

(8) 单击工具箱中的 ▸♦ 按钮，将粘贴的图形移动到如图 9-14 所示的位置。

(9) 选择菜单栏中的【编辑】/【粘贴】命令，再次将复制的图形进行粘贴，在【图层】面板中生成"图层 3"，粘贴的图形如图 9-15 所示。

图9-13　【图层】面板　　　　　　图9-14　图形放置的位置　　　　　图9-15　粘贴在画面中的图形

 要点提示　当执行了【编辑】菜单栏中的【剪切】、【拷贝】、【合并拷贝】等命令后，剪切和复制的内容将暂时保存在剪贴板中，无论执行多少次粘贴命令，都可以将剪贴板中的内容粘贴出来。

(10) 调整 "图层 3" 中图像的位置，并在【图层】面板中将 "图层 1" 与 "图层 2" 和 "图层 3" 进行链接，然后将其合并为 "图层 1"。

(11) 选择菜单栏中的【编辑】/【全选】命令，将 "图层 1" 中的图形全部选中，如图 9-16 所示。

(12) 选择菜单栏中的【编辑】/【拷贝】命令，将 "图层 1" 中的图形复制。

(13) 选择菜单栏中的【编辑】/【粘贴】命令，将复制的图形粘贴在画面中，如图 9-17 所示。

(14) 用与步骤 7～13 相同的方法，在画面中复制、粘贴，效果如图 9-18 所示。然后将粘贴生成的所有图层合并为 "图层 1"。

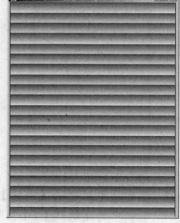

图9-16　添加的选区　　　　　　图9-17　粘贴在画面中的图形　　　　图9-18　复制、粘贴的图形

(15) 选择菜单栏中的【图像】/【调整】/【色相/饱和度】命令，在弹出的【色相/饱和度】对话框中设置其参数，如图 9-19 所示。

(16) 参数设置完成后单击 好 按钮，画面效果如图 9-20 所示。

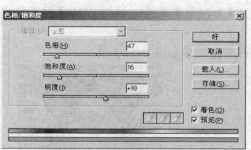

图9-19 【色相/饱和度】对话框

图9-20 调整颜色后的效果

(17) 将前景色设置为白色，单击工具箱中的 ✍ 按钮，设置一个【硬度】为 "100%" 的画笔笔头。

(18) 新建 "图层 2"，在画面中按下鼠标左键并拖曳，绘制出如图 9-21 所示的线形。

(19) 打开素材文件中名为 "儿童.jpg" 的图片文件，如图 9-22 所示。

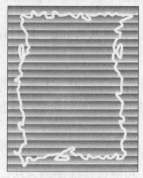

图9-21 绘制的线形

图9-22 打开的图片文件

(20) 选择菜单栏中的【编辑】/【全选】命令，将画面全部选中，然后选择菜单栏中的【编辑】/【拷贝】命令，复制选择的图像。

(21) 在工作区中将 "未标题-1" 文件设置为工作状态，然后单击工具箱中的 ⬉ 按钮，并将鼠标指针移动到线形内单击，添加如图 9-23 所示的选区。

(22) 选择菜单栏中的【编辑】/【粘贴入】命令，将复制的图像粘贴入选区中，生成的画面效果如图 9-24 所示。

(23) 选择菜单栏中的【编辑】/【自由变换】命令，为粘贴入选区中的图形添加自由变换框，然后将图像调整至如图 9-25 所示的大小和位置。

图9-23 添加的选区

图9-24 贴入图像后的效果

图9-25 图片调整后的大小及位置

(24) 按 Enter 键，确认图像的调整，然后在【图层】面板中将"图层 2"设置为当前图层。

(25) 选择菜单栏中的【图层】/【图层样式】/【内阴影】命令，在弹出的【图层样式】对话框中设置各项参数如图 9-26 所示。

(26) 单击 [　　　好　　　] 按钮，线形添加内阴影后的效果如图 9-27 所示。

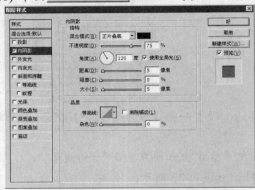

图9-26 设置的选项参数　　　　　　　　　　　　图9-27 添加图层样式后的效果

(27) 选择菜单栏中的【文件】/【存储】命令，将其命名为"相框效果.psd"进行保存。

 **案例小结**

通过本案例的制作，主要介绍了图像的【拷贝】、【粘贴】、【粘贴入】等命令的运用，其中【粘贴入】命令在给图形或文字制作图案效果时是非常重要的一个命令，希望读者要牢固掌握其使用方法。

一、【剪切】命令

在 Photoshop 中，剪切图像的方法有两种：菜单命令法和键盘快捷键输入法。

- 使用菜单命令剪切图像的方法：在画面中绘制一个选区，然后选择菜单栏中的【编辑】/【剪切】命令，即可将所选择的图像复制到剪贴板中。
- 使用键盘快捷键的方法：在画面中绘制一个选区，然后按 Ctrl+X 组合键，即可将选区中的图像复制到剪贴板中。

二、【拷贝】命令

【拷贝】命令与【剪切】命令相似，只是这两种命令复制图像的方法有所不同。【剪切】命令是将所选择的图像在原图像中剪掉后，复制到剪贴板中，原图像中删除选择的图像，原图像被破坏；而【拷贝】命令是在原图像不被破坏的情况下，将选择的图像复制到剪贴板中。

【拷贝】命令的两种操作方法如下。

- 使用菜单命令拷贝图像的方法：在画面中绘制一个选区，然后选择菜单栏中的【编辑】/【拷贝】命令，即将选区内的图像复制到剪贴板中。
- 使用键盘快捷键的方法：在画面中绘制一个选区，然后按 Ctrl+C 组合键，即可将选区中的图像复制到剪贴板中。

三、【粘贴】命令

将选择的图像复制到剪贴板后，就可以将其粘贴到当前的图像文件或其他的文件中。粘贴文件的方法也有两种，如下所述。

- 使用菜单命令粘贴图像的方法：选择菜单栏中的【编辑】/【粘贴】命令，可以将剪贴板中的图像粘贴到所需要的图像文件中。
- 使用键盘快捷键的方法：按 Ctrl+V 组合键，同样可以将剪贴板中的图像粘贴到所需要的文件中。

9.3 【描边】命令

　　【描边】命令的作用是用前景色沿选区或图层中图像的边缘描绘指定宽度的轮廓线条。该命令是 Photoshop 软件中经常使用的命令，虽然其使用方法比较简单，但需要熟练掌握，才能在作品设计中运用自如。

【例9-3】　利用【描边】命令，制作如图 9-28 所示的艺术照片。

操作步骤

(1)　选择菜单栏中的【文件】/【打开】命令，打开素材文件中名为"儿童模板.jpg"的图片文件，如图 9-29 所示。

图9-28　制作完成的艺术照片

图9-29　打开的图片

(2)　在【图层】面板中新建一个"图层 1"，然后单击工具箱中的 ⬚ 按钮，在画面中绘制出如图 9-30 所示的矩形选区。

(3)　将工具箱中的前景色设置为白色，然后选择菜单栏中的【编辑】/【描边】命令，在弹出的【描边】对话框中设置参数如图 9-31 所示。

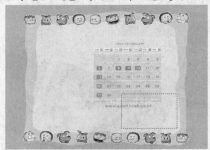

图9-30　绘制的矩形选区

图9-31　【描边】对话框

(4)　单击　好　按钮，描边后的效果如图 9-32 所示，然后按 Ctrl+D 组合键去除选区。

(5)　按 Ctrl+T 组合键，为"图层 1"中的图形添加自由变换框，并将其调整至如图 9-33 所示的形态，然后按 Enter 键确认图形的变换操作。

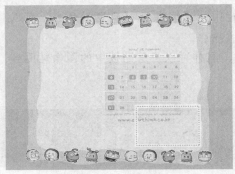

图9-32　描边后的效果

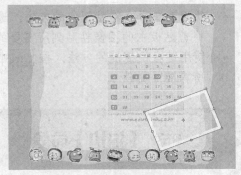

图9-33　调整后的图形形态

(6) 选择菜单栏中的【图层】/【图层样式】/【投影】命令，弹出【图层样式】对话框，设置各项参数如图 9-34 所示。

(7) 单击 　好　 按钮，添加投影样式后的图形效果如图 9-35 所示。

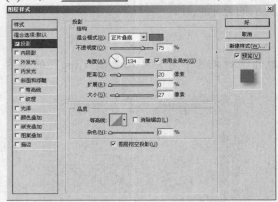

图9-34　【图层样式】对话框

图9-35　添加投影样式后的图形效果

(8) 将"图层 1"复制生成为"图层 1 副本"，再按 Ctrl+T 组合键，为"图层 1"中的图形添加自由变换框，并将其调整至如图 9-36 所示的形态，然后按 Enter 键确认图形的变换操作。

(9) 打开素材文件中名为"儿童.jpg"的图片文件，然后利用 工具，将其移动复制到"儿童模板"文件中生成"图层 2"，并将其调整至"图层 1"的下方。

(10) 按 Ctrl+T 组合键，为"图层 2"中的内容添加自由变换框，并将其调整至如图 9-37 所示的形态，然后按 Enter 键确认图像的变换操作。

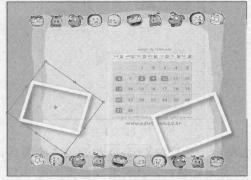

图9-36　调整后的图形形态

图9-37　调整后的图像形态

(11) 将"图层 1"设置为当前层，再单击工具箱中的 ✎ 按钮，在白色矩形边框内单击鼠标左键添加选区，添加的选区形态如图 9-38 所示，然后按 Shift+Ctrl+I 组合键，将选区反选。

(12) 将"图层 2"设置为当前层，按 Delete 键删除选区中的内容，然后按 Ctrl+D 组合键去除选区，删除后的效果如图 9-39 所示。

图9-38 添加的选区

图9-39 删除后的效果

(13) 打开素材文件中名为"儿童 01.jpg"的图片文件，然后利用 ✛ 工具，将其移动复制到"儿童模板"文件中生成"图层 3"。

(14) 按 Ctrl+T 组合键，为"图层 3"中的内容添加自由变换框，并将其调整至如图 9-40 所示的形态，然后按 Enter 键确认图像的变换操作。

(15) 用与步骤 11~12 相同的方法，将白色矩形边框外的图像删除，效果如图 9-41 所示。

图9-40 调整后的图像形态

图9-41 删除后的效果

(16) 单击工具箱中的 T 按钮，在画面中输入如图 9-42 所示的橄榄色（C:40,M:40,Y:100,K:10）文字。

(17) 选择菜单栏中的【图层】/【栅格化】/【文字】命令，将文本层转换为普通层，然后利用 ⬚ 工具，绘制出如图 9-43 所示的矩形选区，将"负担"两字选中。

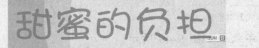

图9-42 输入的文字

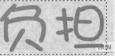

图9-43 绘制的选区

(18) 按 |Ctrl|+|T| 组合键，为选择的文字添加自由变换框，并将其调整至如图 9-44 所示的形态，然后按 |Enter| 键确认文字的变换操作。

(19) 用与步骤 17～18 相同的方法，将"甜蜜"两字调整至如图 9-45 所示的形态。

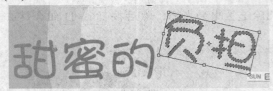

图9-44 调整后的文字形态

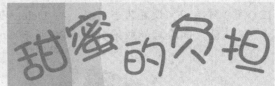

图9-45 调整后的文字形态

(20) 将"甜蜜的负担"文字层复制生成为"甜蜜的负担 副本"层，然后将"甜蜜的负担 副本"层隐藏，再将"甜蜜的负担"层设置为当前层。

(21) 确认前景色为白色，然后选择菜单栏中的【编辑】/【描边】命令，在弹出的【描边】对话框中设置参数如图 9-46 所示。

(22) 单击 好 按钮，描边后的效果如图 9-47 所示。

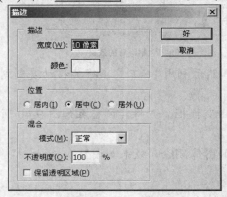

图9-46 【描边】对话框

图9-47 描边后的效果

(23) 选择菜单栏中的【图层】/【图层样式】/【混合选项】命令，弹出【图层样式】对话框，设置各项参数如图 9-48 所示。

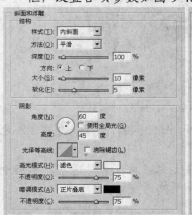

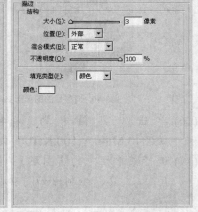

图9-48 【图层样式】对话框

(24) 单击 好 按钮，添加图层样式后的文字效果如图 9-49 所示。

(25) 将"甜蜜的负担 副本"层显示，并将其设置为当前层，再单击【图层】面板上方的 🔳 按钮，锁定其透明像素，然后为其填充上白色，效果如图 9-50 所示。

图9-49 添加图层样式后的文字效果　　　　　　　图9-50 填充颜色后的效果

(26) 选择菜单栏中的【图层】/【图层样式】/【混合选项】命令，弹出【图层样式】对话框，设置各项参数如图 9-51 所示。

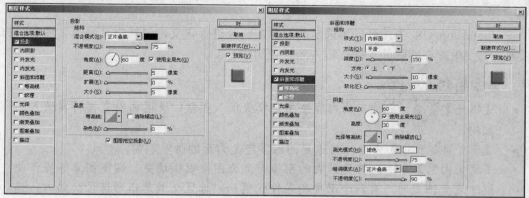

图9-51 【图层样式】对话框

(27) 单击　好　按钮，添加图层样式后的文字效果如图 9-52 所示。

图9-52 添加图层样式后的文字效果

至此，艺术照片已制作完成，其整体效果如图 9-53 所示。

图9-53 制作完成的艺术照片

(28) 选择菜单栏中的【文件】/【存储为】命令，将其重新命名为"描边练习.psd"进行保存。

案例小结

本案例通过宝宝艺术照片的制作，主要介绍了【描边】命令的使用方法。通过此例介绍，希望读者能够将【描边】命令灵活掌握。

9.4 定义和【填充】命令

在 Photoshop CS 中，可以将选定的图像或路径进行定义，包括定义画笔、图案、自定形状等，以便用户在实际的工作过程中频繁使用。

  命令简介

- 【填充】命令：将选定的内容按指定模式填入图像的选区内或直接将其填入图层内。
- 【定义画笔预设】命令：将选定的图案定义为新的画笔笔尖。
- 【定义图案】命令：将选区内的图像定义为图案以供填充、图案图章等操作使用。定义图案时，有两个必要的条件：第一，选区必须是矩形选区；第二，选区的羽化效果值必须为"0"。
- 【定义自定形状】命令：可以通过建立路径自行定义矢量图形。

【例9-4】 利用【定义图案】命令和【填充】命令，绘制如图 9-54 所示的五星图形。

  操作步骤

(1) 选择菜单栏中的【文件】/【新建】命令，在工作区中新建一个【高度】为"1.5 厘米"，【宽度】为"1.5 厘米"，【分辨率】为"72 像素/英寸"，【颜色模式】为"RGB 颜色"，【背景内容】为"白色"的文件。

(2) 将工具箱中的前景色设置为蓝色（C:100,M:30,Y:0,K:0），然后单击工具箱中的 ▊ 按钮，并激活属性栏中的 ▊ 按钮，在新建文件中填充渐变色，如图 9-55 所示。

图9-54 绘制的五星图形

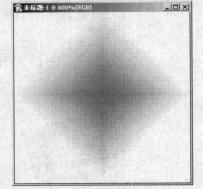

图9-55 填充的渐变色效果

(3) 选择菜单栏中的【编辑】/【定义图案】命令，在弹出如图 9-56 所示的【图案名称】对话框中单击 [好] 按钮，将新建文件中的内容定义为"图案 1"。

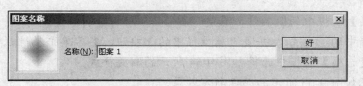

图9-56 【图案名称】对话框

(4) 选择菜单栏中的【文件】/【新建】命令，在工作区中新建一个【高度】为 "20 厘米"，【宽度】为 "20 厘米"，【分辨率】为 "80 像素/英寸"，【颜色模式】为 "RGB 颜色"，【背景内容】为 "白色" 的文件。

(5) 选择菜单栏中的【编辑】/【填充】命令，弹出如图 9-57 所示的【填充】对话框。

(6) 在【使用】下拉列表中选择 "图案" 选项。然后单击【自定图案】选项右侧的倒三角按钮，在弹出的【图案】选项面板中，选择如图 9-58 所示定义的图案。

(7) 单击 好 按钮，填充图案后的画面效果如图 9-59 所示。

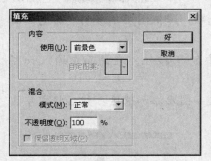

图9-57 【填充】对话框

图9-58 【图案】选项面板

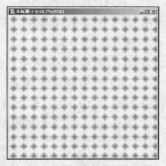

图9-59 填充图案后的画面效果

(8) 单击工具箱中的 ◎ 按钮，设置其属性栏中的 边:5 选项，然后单击属性栏中的 ▾ 按钮，弹出【多边形选项】面板，其选项设置如图 9-60 所示。

(9) 在【图层】面板中新建一个 "图层 1" 图层，然后在画面中绘制出如图 9-61 所示的蓝色（C:100,M:30,Y:0,K:0）五星图形。

(10) 将工具箱中的前景色设置为红色（C:0,M:100,Y:100, K:0），背景色设置为黄色（C:0,M:0,Y:100, K:0），然后单击【图层】面板左上角的 ⊠ 按钮，锁定 "图层 1" 中的透明像素。

(11) 单击工具箱中的 ▬ 按钮，并激活属性栏中的 ▬ 按钮，然后给绘制的五星图形填充渐变颜色，效果如图 9-62 所示。

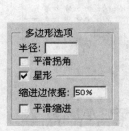

图9-60 【多边形选项】面板

图9-61 绘制出的五星图形

图9-62 填充渐变色后的效果

(12) 在【图层】面板中新建一个 "图层 2" 图层，然后单击工具箱中的 ▫ 按钮，在画面中绘制如图 9-63 所示的矩形。

(13) 单击【图层】面板中的 ⬚ 按钮，锁定"图层2"中的透明像素。

(14) 单击工具箱中的 ⬚ 按钮，并激活属性栏中的 ⬚ 按钮，然后单击属性栏中的 ▾ 按钮，在弹出的【渐变选项】面板中选择如图 9-64 所示的渐变样式。

(15) 给矩形填充如图 9-65 所示的颜色渐变效果。

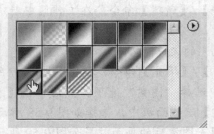

图9-63　绘制的矩形　　　　　　　　　图9-64　选择渐变样式　　　　　　　图9-65　矩形填充渐变色后的效果

(16) 在【图层】面板中，设置"图层 2"的 不透明度: 50% ▸ 选项，降低图层不透明度后的画面效果如图 9-66 所示。

(17) 将工具箱中的前景色设置为黑色，然后单击工具箱中的 T 按钮，在画面中输入如图 9-67 所示的英文字母。

(18) 按住 Ctrl 键，单击【图层】面板中的文字图层，为文字图层添加选区，然后将文字图层删除，删除文字图层后的效果如图 9-68 所示。

图9-66　降低不透明度后的效果　　　　图9-67　输入的英文字母　　　　　图9-68　删除文字图层后的效果

(19) 在【图层】面板中新建一个"图层 3"图层，然后选择菜单栏中的【编辑】/【描边】命令，弹出【描边】对话框，其参数设置如图 9-69 所示。

(20) 单击 好 按钮，执行【描边】命令后的文字效果如图 9-70 所示。

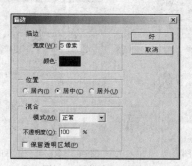

图9-69　【描边】对话框　　　　　　　　　图9-70　执行【描边】命令后的文字效果

(21) 选择菜单栏中的【文件】/【存储】命令，将其命名为"图像定义练习.psd"进行保存。

案例小结

此案例介绍了【定义图案】及【填充】命令，绘制一个具有填充底纹效果的五星图形。希望读者能够掌握各命令的综合运用。

9.5 图像的变换

图像的【变换】命令在实际的工作过程中经常被用到，熟练掌握此命令可以自由地进行图像的各种变形操作。在第 3 章【移动】工具的介绍中，读者曾学习了图像的变形命令，其相关操作参见 3.3.2 节内容。

命令简介

- 【自由变换】命令：在自由变换状态下，用于以手动方式将当前图层的图像或选区做任意缩放、旋转等自由变形操作。这一命令在使用路径时，会变为【自由变换路径】命令，以对路径进行自由变换。
- 【变换】命令：用于分别对当前图像或选区进行缩放、旋转、拉伸、扭曲、透视等单项变形操作。这一命令在使用路径时，会变为【路径变换】命令以对路径进行单项变形。
- 【旋转画布】命令：用于调整图像版面的角度，所有图层、通道和路径都会一起旋转。

【例9-5】 利用图像的大小调整命令、移动复制以及重复复制命令，制作完成如图 9-71 所示的旋转玫瑰花的效果。

操作步骤

(1) 按 Ctrl+N 组合键，在弹出的【新建】对话框中将文件的【高度】设置为"20 厘米"，【宽度】设置为"20 厘米"，【分辨率】设置为"150 像素/英寸"，【颜色模式】设置为"RGB 颜色"，【背景内容】为"白色"，建立一个新文件。

(2) 将工具箱中的前景色设置为蓝灰色（C:95,M:60,Y:50,K:35），然后按 Alt+Delete 组合键，为"背景"层填充前景色。

(3) 按 Ctrl+O 组合键，打开素材文件中名为"花.jpg"的图片文件，如图 9-72 所示。

(4) 单击工具箱中的 按钮，在画面的白色背景处单击将背景去除，效果如图 9-73 所示。

图9-71 绘制完成的画面整体效果

图9-72 打开的图片

图9-73 删除后的效果

(5) 单击工具箱中的 ⬚ 按钮，将"花"图片移动复制到新建文件中生成"图层 1"，并将其放置在文件的左上角。

(6) 选择菜单栏中的【编辑】/【自由变换】命令，给图片添加自由变换框。

(7) 按住 Shift 键，将鼠标指针放置在自由变换框右下角的控制点上，按下鼠标左键向左上角拖曳，等比例缩小花形图像，缩小后的图像形态如图 9-74 所示，然后按 Enter 键确定图片的变换操作。

(8) 按 Ctrl+A 组合键为画面添加选区，添加的选区形态如图 9-75 所示。

图9-74　调整后的图像形态

图9-75　添加的选区形态

(9) 单击工具箱中的 ⬚ 按钮，按住 Shift+Alt 组合键，将鼠标指针放置在花形上，按住鼠标左键向右水平拖曳花形进行复制，复制出的花形如图 9-76 所示。

(10) 按 Ctrl+A 组合键，为画面添加选区，然后按住 Shift+Alt 组合键，将鼠标指针放置在花形上，按住鼠标左键向右水平拖曳花形进行复制，复制出的花形如图 9-77 所示。

图9-76　复制出的花形

图9-77　复制出的花形

(11) 用同样的复制方法，在水平方向上依次复制出其他的花形，然后按 Ctrl+A 组合键，将画面全部选取，然后进行垂直移动复制，复制出的花形如图 9-78 所示。

(12) 选择菜单栏中的【编辑】/【变换】/【水平翻转】命令，将复制出的花形翻转，效果如图 9-79 所示。

图9-78　复制出的花形

图9-79　水平翻转后的效果

(13) 按 Ctrl+A 组合键，为画面添加选区，然后按住 Shift+Alt 组合键，将鼠标指针放置在花形上，按住鼠标左键向右下拖曳花形进行复制，复制出的花形如图 9-80 所示。

(14) 用同样的复制方法，在垂直方向上依次复制出如图 9-81 所示的花形，然后按 Ctrl+D 组合键去除选区。

(15) 将"图层 1"的图层混合模式设置为"正片叠底"，更改混合模式后的效果如图 9-82 所示。

图9-80 复制出的花形

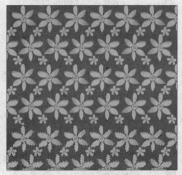

图9-81 复制出的花形

图9-82 更改混合模式后的效果

(16) 选择菜单栏中的【视图】/【新参考线】命令，弹出【新参考线】对话框，设置各项参数如图 9-83 所示。

(17) 单击 好 按钮，在画面中添加一条垂直参考线。

(18) 用与步骤 16～17 相同的方法，在画面的垂直"10 厘米"位置处添加一条水平参考线，如图 9-84 所示。

(19) 按 Ctrl+O 组合键，打开素材文件中名为"陶瓷.jpg"的图片文件，如图 9-85 所示。

图9-83 【新参考线】对话框

(20) 单击工具箱中的 按钮，在图片中蓝色背景处单击添加选区，添加的选区形态如图 9-86 所示。

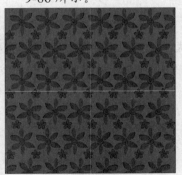

图9-84 添加的参考线

图9-85 打开的图片

图9-86 添加的选区形态

(21) 选择菜单栏中的【选择】/【反选】命令，将选区反选，然后利用 工具，将选区中的陶瓷移动复制到新建文件中生成"图层 2"，如图 9-87 所示。

(22) 选择菜单栏中的【编辑】/【变换】/【缩放】命令，为图片添加自由变换框。设置属性栏中 W:70.0% H:70.0% 的参数为"70%"，缩小后的陶瓷形态如图 9-88 所示。

(23) 在变形框内单击鼠标右键，在弹出的快捷菜单中选择【垂直翻转】命令，将陶瓷图片翻转，效果如图 9-89 所示，然后按 Enter 键确定陶瓷图片的变换操作。

图9-87 移动复制入的图片　　　　图9-88 缩小后的图片形态　　　　图9-89 垂直翻转后的图片效果

(24) 按 ⌊Ctrl⌋+⌊T⌋ 组合键，为陶瓷图片重新添加变换框，按下鼠标左键将旋转中心向下拖曳放置到两条参考线的交点处，如图 9-90 所示。

(25) 在属性栏中设置 △ 45 度选项，旋转后的图片形态如图 9-91 所示，然后按 ⌊Enter⌋ 键确认图片的变换操作。

(26) 按住 ⌊Shift⌋+⌊Ctrl⌋+⌊Alt⌋ 组合键，连续按 7 次 ⌊T⌋ 键，重复复制出如图 9-92 所示的陶瓷图片。

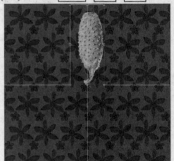

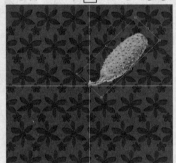

图9-90 旋转中心放置的位置　　　　图9-91 旋转后的图片形态　　　　图9-92 重复复制出的图片

(27) 选择菜单栏中的【文件】/【存储】命令，将文件命名为"旋转的陶瓷.psd"进行保存。

案例小结

　　通过本案例旋转玫瑰花的制作练习，主要介绍了图像的大小调整、利用 ⊹ 工具移动复制图像、图像的旋转以及旋转复制等操作的基本使用方法。希望读者能够对图像的变换命令有更加深入的认识和理解。

　　利用【旋转画布】命令，可以旋转或翻转整个图像文件。此命令与【编辑】/【变换】命令相似，只是【变换】命令是相对于当前图层或选区中的图像进行的操作，而【旋转画布】命令是相对于整个图像文件进行的操作。选择菜单栏中的【图像】/【旋转画布】命令，将弹出如图 9-93 所示的子菜单。

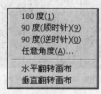

图9-93 【旋转画布】子菜单

- 　【180 度】、【90 度（顺时针）】和【90 度（逆时针）】命令：选择相应的命令，可以将整个图像文件旋转 180°、顺时针旋转 90° 或逆时针旋转 90°。
- 　【任意角度】命令：选择此命令，将弹出【旋转画布】对话框。在【角度】选项右侧的文本框中输入需要旋转的角度，再选中【度（顺时针）】或【度（逆时针）】单选钮，然后单击 好 按钮，即可按照指定的角度旋转画布。

- 【水平翻转画布】和【垂直翻转画布】命令：选择相应的命令，可以将整个图像文件在水平或垂直方向上翻转。

9.6 重新设置图像尺寸

在实际工作中，有时候所选择的图像素材尺寸比较大，而最终输出时并不需要这么大的图像，这时就需要适当地缩小原素材的尺寸。下面通过一个实例介绍如何改变图像尺寸的操作。

【例9-6】 设置图像尺寸。

操作步骤

(1) 选择菜单栏中的【文件】/【打开】命令，打开素材文件中名为"雪景.jpg"的图片文件，如图 9-94 所示。

(2) 选择菜单栏中的【窗口】/【状态栏】命令，在绘图窗口的左下角会显示出图像的大小，如图 9-95 所示。

图9-94 打开的图片文件

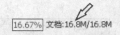

图9-95 状态栏中的文件大小显示

图像文件的大小以千字节（KB）和兆字节（MB）为单位，它们之间的换算为"1MB=1024KB"。通过状态栏可以看到当前打开的图像大小为 16.8MB，如果是一般小尺寸照片的输出，此图就太大了，所以需要重新设置尺寸。

(3) 选择菜单栏中的【图像】/【图像大小】命令，弹出【图像大小】对话框，如图 9-96 所示。

(4) 如果需要保持当前图像的像素宽度和高度比例，就需要勾选【约束比例】复选框。这样，在更改像素的【宽度】和【高度】参数时，将按照比例同时进行改变，如图 9-97 所示。

图9-96 【图像大小】对话框

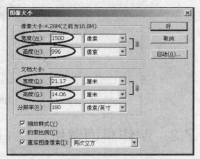

图9-97 修改图像尺寸后的大小显示

修改【宽度】和【高度】参数后，从【图像大小】对话框中【像素大小】后面可以看到修改后的图像大小为 4.28M，括号内的 16.8M 表示图像的原始大小。

在改变图像文件的大小时，如图像由大变小，其印刷质量不会降低；如图像由小变大，其印刷品质将会下降。

(5) 单击 ▭好▭ 按钮，即可完成图像尺寸大小的改变。

 案例小结

掌握好【图像大小】命令可以有效地帮助读者正确设置图像文件的尺寸，只有设置正确的文件尺寸，才能够使处理和绘制的图像作品得以正确的应用。例如，设置文件尺寸过小，作品绘制完成后印刷输出，其最终效果就会出现模糊、清晰度不够的现象；相反，如果设置的文件尺寸过大，而实际印刷又不需要太大，这样就会影响计算机在图像处理过程中的运算速度。所以，掌握好图像大小的设置对于一个设计者来说是非常必要的。

9.7 实训练习

通过本章案例的学习，读者自己动手进行以下实训练习。

9.7.1 贴入练习

灵活运用 9.2 节介绍的制作相框效果的方法，来制作如图 9-98 所示的儿童艺术照效果。

图9-98 制作的儿童艺术照

9.7.2 制作桌面壁纸

灵活运用 9.3 节介绍的制作艺术照片的方法，来制作如图 9-99 所示的桌面壁纸效果。

图9-99 制作的桌面壁纸

9.7.3 制作手提袋

灵活运用各工具按钮及菜单命令制作如图 9-100 所示的手提袋。

操作步骤

(1) 灵活运用前面学过的工具按钮和菜单命令设计出手提袋的正面和侧面效果，如图 9-101 所示。

图9-100 制作的手提袋

图9-101 制作的正面和侧面

(2) 新建文件，将正面图形和侧面图形分别合并后，移动复制到新建的文件中，并利用【编辑】/【自由变换】命令依次对其进行变形调整，其示意图如图 9-102 所示。

向下拖动此点调整透视

向上拖动此点制作透视效果

图9-102 变形调整示意图

(3) 新建图层并将其放置到"图层 1"的下方，然后利用 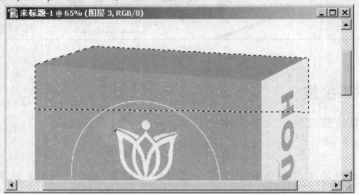工具绘制选区并填充灰色（C:45,M:35,Y:35,K:0），如图 9-103 所示。

图9-103 绘制的灰色图形

(4) 利用 工具再绘制如图 9-104 所示的选区，然后选择菜单栏中的【图像】/【调整】/【亮度/对比度】命令，在弹出的对话框中将【亮度】的参数设置为"55"，单击 好 按钮，调整该区域的颜色，从而可以制作出手提袋另两个面的内部效果，去除选区后的效果如图 9-105 所示。

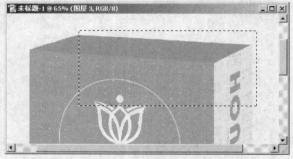

图9-104 绘制的选区　　　　　　　　　　图9-105 调整亮度后的效果

(5) 新建图层将其调整至正面图形所在图层的上方，然后依次绘制黑色图形及图 9-106 所示的路径。

(6) 利用路径的描绘功能描绘路径，然后添加【斜面和浮雕】图层样式，再复制一层，调整图层顺序后，再调整复制线形的大小及位置，如图 9-107 所示。

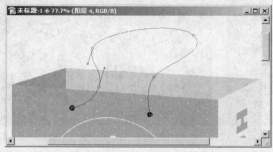

图9-106 绘制的路径

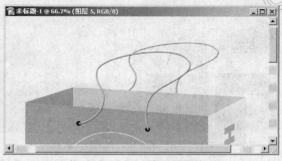

图9-107 制作的手提绳效果

(7) 最后为手提袋制作出阴影效果即可。

操作与练习

一、填空题

1. 【返回】与【恢复】命令主要是对图像处理过程中出现的_____进行_____的命令。

2. 利用菜单栏中的【编辑】/【描边】命令，可以给当前工作图层或者选区描绘_____。

3. 在 Photoshop CS 中，可以将选定的图像或路径进行定义，包括_____、_____和_____。

二、选择题

1. 在对图像或图形进行编辑操作时，（　　）命令只能够对操作撤销或还原一次，（　　）命令能够对操作撤销多次，（　　）命令能够对操作还原多次。

A.【还原】 B.【向前】
C.【返回】 D.【消褪】

2. 在进行图像的复制操作时，使用（　　）命令的前提必须是当前图像文件中具有选区。

A.【剪切】 B.【拷贝】
C.【粘贴】 D.【粘贴入】

3. 选择菜单栏中的【编辑】/【填充】命令，可以将当前图层或选区填充上（　　）。

A.【前景色】 B.【背景色】
C.【形状】 D.【图案】

三、简答题

1. 简述【剪切】命令与【拷贝】命令的不同之处。

2. 简述图像的变换操作。

四、操作题

1. 在素材文件中打开名为"T9-05.jpg"和"T9-06.jpg"的图片文件，如图 9-108 所示。用本章介绍的图像【拷贝】、【粘贴】、【描边】等命令，制作如图 9-109 所示的图案文字效果。

图9-108 打开的图片　　　　　　　　　　图9-109 制作的图案文字效果

2. 用本章介绍的图像【定义图案】、【填充】、【描边】等命令，制作如图 9-110 所示的标志图形。

图9-110 制作的标志图形

3. 在素材文件中打开名为"T9-07.jpg"的图片文件，如图 9-111 所示。用本章介绍的图像变换命令，制作如图 9-112 所示的手提袋立体效果图。

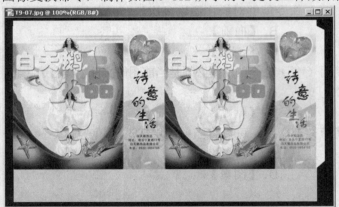

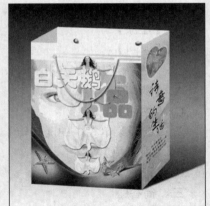

图9-111 打开的图片　　　　　　　　　图9-112 制作的手提袋立体效果图

第10章 图像颜色调整

本章介绍菜单栏中的【图像】/【调整】命令，【调整】菜单下的命令主要是对图像或图像的某一部分进行颜色、亮度、饱和度、对比度等进行调整，使用这些命令可以使图像产生多种色彩上的变化。另外，在对图像的颜色进行调整时，要注意选区的添加与运用。

学习目标

● 主要介绍图像的各种颜色调整方法。

10.1 图像颜色的调整

选择菜单栏中的【图像】/【调整】命令，系统将弹出如图 10-1 所示的【调整】子菜单。

命令简介

- 【色阶】命令：可以调节图像各个通道的明暗对比度。
- 【自动色阶】命令：可以自动调整图像的颜色，使图像达到均衡效果。
- 【自动对比度】命令：可以自动调整图像的对比度，使图像达到均衡效果。
- 【自动颜色】命令：可以自动调整图像的色彩平衡，使图像的色彩达到均衡效果。
- 【曲线】命令：可以利用调整曲线的形态改变图像各个通道的明暗数量。
- 【色彩平衡】命令：可以对图像的颜色进行调整。如果在弹出的【色彩平衡】对话框中勾选底部的【保持亮度】复选框，对图像进行调整时，可以保持图像的亮度不变。
- 【亮度/对比度】命令：通过设置不同的数值及调整滑块的不同位置，来改变图像的亮度及对比度。
- 【色相/饱和度】命令：可以调整图像单种颜色的色相、饱和度和明度。当在弹出的【色相/饱和度】对话框中勾选【着色】复选框时，可以调整整个图像的色相、饱和度和明度。

色阶(L)...	Ctrl+L
自动色阶(A)	Shift+Ctrl+L
自动对比度(U)	Alt+Shift+Ctrl+L
自动颜色(O)	Shift+Ctrl+B
曲线(V)...	Ctrl+M
色彩平衡(B)...	Ctrl+B
亮度/对比度(C)...	
色相/饱和度(H)...	Ctrl+U
去色(D)	Shift+Ctrl+U
匹配颜色(M)...	
替换颜色(R)...	
可选颜色(S)...	
通道混合器(X)...	
渐变映射(G)...	
照片滤镜(F)...	
暗调/高光(W)...	
反相(I)	Ctrl+I
色调均化(E)	
阈值(T)...	
色调分离(P)...	
变化(N)...	

图10-1 【调整】子菜单

- 【去色】命令：可以将原图像中的颜色去除，使图像以灰色的形式显示。
- 【匹配颜色】命令：可以将一个图像（原图像）的颜色与另一个图像（目标图像）相匹配。使用此命令，还可以通过更改亮度和色彩范围以及中和色调调整图像中的颜色。
- 【替换颜色】命令：利用【吸管】工具在画面中的任意位置单击，确定所要替换的颜色，然后再调整所选择颜色的色相、饱和度或明度。
- 【可选颜色】命令：首先选择一种颜色，然后调整其色彩平衡度，对所指定的颜色进行精细地调整。
- 【通道混合器】命令：可以选择不同颜色的通道，然后在原通道中进行调整。
- 【渐变映射】命令：可以使选定的渐变项由左至右的颜色，在图像中按图像灰度级由暗至亮取代原图的颜色。
- 【照片滤镜】命令：此命令可以模仿在相机镜头前面加彩色滤镜，以便调整通过镜头传输的光的色彩平衡和色温，使图像产生不同颜色的滤色效果。
- 【暗调/高光】命令：可以校正由强逆光而形成剪影的照片，或者校正由于太接近相机闪光灯而有些发白的焦点。
- 【反相】命令：可以将图像中的颜色以及亮度全部反转，生成图像的反相效果。
- 【色调均化】命令：可以将通道中最亮和最暗的像素定义为白色和黑色，然后按照比例重新分配到画面中，使图像中的明暗分布更加均匀。
- 【阈值】命令：通过调整滑块的位置可以调整【阈值色阶】值，从而将灰度图像或彩色图像转换为高对比度的黑白图像。
- 【色调分离】命令：可以自行指定图像中每个通道的色调级数目，然后将这些像素映射在最接近的匹配色调上。
- 【变化】命令：可以调整图像或选区的色彩、对比度、亮度、饱和度等。

10.1.1 利用【色阶】命令调整曝光过度和曝光不足的照片

在测光不准的情况下，很容易使所拍摄的照片出现曝光过度或曝光不足的情况，本案例介绍利用【图像】/【调整】/【色阶】命令，对曝光过度和曝光不足的照片进行修复调整。

【例10-1】利用【色阶】命令调整曝光过度的照片。

🔧 **操作步骤**

(1) 按 Ctrl+O 组合键，打开素材文件中名为"小女孩.jpg"的图片文件，如图10-2所示。这张照片由于曝光度过高，整个画面偏亮，缺少中间灰度级丰富的影调层次，下面利用【色阶】命令对其进行修复调整。

(2) 选择菜单栏中的【图像】/【调整】/【色阶】命令，弹出【色阶】对话框，将"RGB"通道的【输入色阶】参数分别设置为"40"、"0.70"和"255"，增加画面暗部的整体层次，此时照片的显示效果如图10-3所示。

(3) 在【通道】选项窗口中分别选择"红"、"绿"、"蓝"通道，分别设置【输入色阶】的参数如图10-4所示。

图10-2 打开的图片

图10-3 调整"RGB"通道后的照片显示效果

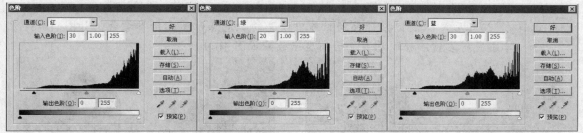

图10-4 设置的红、绿、蓝通道参数

(4) 单击 [好] 按钮，完成照片的调整，效果如图 10-5 所示。

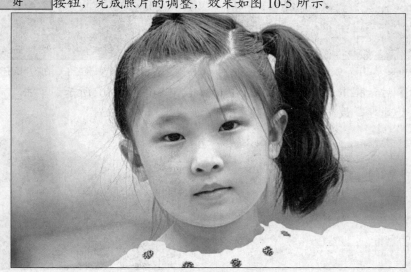

图10-5 调整后的照片显示效果

(5) 选择菜单栏中的【文件】/【存储为】命令，将调整后的照片命名为"曝光过度调整.jpg"进行保存。

【例10-2】利用【色阶】命令调整曝光不足的照片。

操作步骤

(1) 按 [Ctrl]+[O] 组合键，打开素材文件中名为"情侣.jpg"的照片文件，如图 10-6 所示。

(2) 选择菜单栏中的【图像】/【调整】/【色阶】命令，弹出【色阶】对话框，激活对话框中的【设置白场】按钮 ，如图 10-7 所示。

图10-6 打开的照片

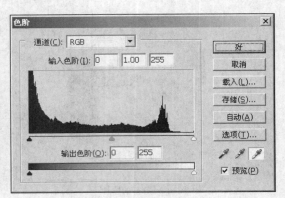

图10-7 【色阶】对话框

(3) 选择  按钮后，将鼠标指针移到照片中最亮的颜色点位置选择参考色，如图 10-8 所示。单击鼠标左键，拾取参考色后的显示效果如图 10-9 所示。

图10-8 单击鼠标吸取参考色

图10-9 拾取参考色后的照片显示效果

(4) 在【色阶】对话框中调整【输入色阶】的参数，如图 10-10 所示。单击 [好] 按钮，完成照片的处理，最终效果如图 10-11 所示。

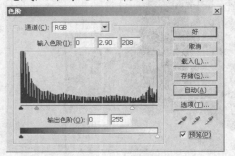

图10-10 【色阶】对话框

图10-11 处理完成的照片效果

(5) 选择菜单栏中的【文件】/【存储为】命令，将调整后的照片命名为"曝光不足调整.jpg"进行保存。

案例小结

　　利用【图像】/【调整】/【色阶】命令，可以调整图像各个通道的明暗，从而改变图像的明暗对比程度。对于高亮度的图像，按住鼠标左键将【色阶】对话框中的左侧滑块向右拖曳，同时【输入色阶】选项左边文本框中的数值变大，可以使原图像中的暗色调范围增大，从而使图像变暗；对于暗色调的图像，按住鼠标左键将右侧滑块向左拖曳，同时【输入色阶】选项右边文本框中的数值变大，可以使原图像中的亮色调范围增大，从而使图像变亮；

在【色阶】对话框中按住鼠标左键将中间滑块向左拖曳，同时【输入色阶】选项中间文本框中的数值变大，可以使原图像中的中间色调区域增大，从而减小图像的对比度；按住鼠标左键将中间滑块向右拖曳，同时【输入色阶】选项中间文本框中的数值变小，可以使原图像中的中间色调区域变小，从而增大图像的对比度。

10.1.2 利用【色相/饱和度】命令调整靓丽的照片

由于拍摄照片时的天气、光线等原因，可能会使所拍摄的照片颜色偏灰，本案例介绍利用菜单栏中的【图像】/【调整】/【色相/饱和度】命令，将颜色偏灰的照片调整为靓丽的照片效果。

【例10-3】调整颜色偏灰的照片。

操作步骤

(1) 按 Ctrl+O 组合键，打开素材文件中名为"风景.jpg"的照片文件，如图 10-12 所示。

(2) 选择菜单栏中的【图像】/【调整】/【色相/饱和度】命令，弹出【色相/饱和度】对话框，将【饱和度】参数增大，如图 10-13 所示。

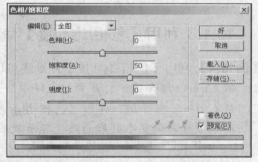

图10-12 打开的图片　　　　　　　　　　图10-13 【色相/饱和度】对话框

(3) 单击 好 按钮，此时的照片将变得比较靓丽鲜艳，调整后的照片颜色如图 10-14 所示。

(4) 选择菜单栏中的【文件】/【存储为】命令，将调整后的照片命名为"色彩饱和度调整.jpg"进行保存。

利用【色相/饱和度】命令，还可以将照片调整成黑白效果以及单色效果。

(5) 按 Ctrl+U 组合键，弹出【色相/饱和度】对话框，将【饱和度】参数调节到"–100"时画面将变为黑白效果，如图 10-15 所示。

图10-14 调整后的照片颜色　　　　　　　图10-15 降低饱和度后的黑白效果

(6) 在【色相/饱和度】对话框中勾选【着色】复选框，然后按图 10-16 所示参数进行设置，可以将照片调整成单色效果，如图 10-17 所示。

图10-16 【色相/饱和度】对话框

图10-17 调整出的单色效果

 案例小结

　　【图像】/【调整】/【色相/饱和度】命令是在图像色彩调整中使用最为广泛的命令，本案例通过介绍此命令的基本使用方法，学习了如何把颜色偏灰的照片调整为靓丽的照片效果以及如何调整单色调效果。

10.1.3 利用【色相/饱和度】命令调整出不同的季节效果

【例10-4】利用【色相/饱和度】命令还可以将照片调整出不同季节的颜色效果。

(1) 按 Ctrl+O 组合键，打开素材文件中名为"树林.jpg"的照片。

(2) 按 Ctrl+U 组合键，弹出【色相/饱和度】对话框，设置【编辑】选项为"黄色"，其他参数设置与调整参数后的照片显示效果如图 10-18 所示。

图10-18 参数设置与调整参数后的照片显示效果

(3) 将【编辑】选项设置为"绿色"，其他参数设置与调整参数后的照片显示效果如图 10-19 所示。

图10-19 参数设置与调整参数后的照片显示效果

(4) 将【编辑】选项设置为"青色",其他参数设置与调整参数后的照片显示效果如图10-20 所示。

图10-20 参数设置与调整参数后的照片显示效果

(5) 最后将【编辑】选项设置为"蓝色",设置其他参数与调整参数后的照片显示效果如图10-21 所示。

图10-21 参数设置与调整参数后的照片显示效果

(6) 单击 好 按钮,此时一幅夏天效果的照片调整成了深秋的效果。
(7) 选择菜单栏中的【文件】/【存储为】命令,将调整后的照片命名为"不同季节调整.jpg"进行保存。

案例小结

本案例主要通过【色相/饱和度】命令对话框中【编辑】选项的单色设置来进行图像颜色的调整,使用此操作可以根据画面的色调需要来精确地调整图像颜色效果。

10.1.4 利用【曲线】命令矫正人像皮肤颜色

标准人像照片的背景一般都相对简单,拍摄时调焦较为准确,用光讲究,曝光充足,皮肤、服饰都会得到真实的质感表现。在夜晚或者光源不理想的环境下拍摄的照片,往往会出现人物肤色偏色或不真实的情况。本案例介绍肤色偏色后的矫正方法,使照片中的人物肤色更加真实。

【例10-5】矫正人物皮肤颜色效果。

操作步骤

(1) 按 Ctrl+O 组合键,打开素材文件中名为"老年人.jpg"的照片。
(2) 选择菜单栏中的【图像】/【调整】/【曲线】命令,弹出【曲线】对话框,将鼠标指针移动到图像中,鼠标指针变为吸管形状时,按住 Ctrl 键在人物鼻子位置单击,此时在【曲线】对话框中的斜线上出现了一个控制点。

(3) 用同样的方法，按住 Ctrl 键在人物的额头位置单击，在斜线上添加另外一个控制点，鼠标单击的位置与添加的控制点如图 10-22 所示。

(4) 在【曲线】对话框中，分别将两个控制点的位置稍微向上拖动，使亮度变亮，调整后的控制点与照片显示效果如图 10-23 所示。

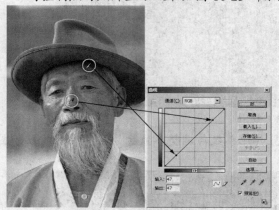

图10-22　鼠标单击的位置与添加的控制点

图10-23　调整后的控制点与照片显示效果

(5) 在【通道】选项右侧的列表中依次选择"红"、"绿"、"蓝"通道，然后根据图像颜色的实际情况进行提亮和加暗处理。在此操作过程中，读者要仔细进行实验和反复调整，直到调整出真实的皮肤颜色为止，本例曲线调整状态如图 10-24 所示。

图10-24　【曲线】对话框

(6) 单击 好 按钮。调整出真实的皮肤颜色，效果如图 10-25 所示。

图10-25　调整后的皮肤效果

(7) 选择菜单栏中的【文件】/【存储为】命令，将调整后的照片命名为"曲线矫正皮肤颜色.jpg"进行保存。

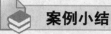 **案例小结**

利用【图像】/【调整】/【曲线】命令，可以调整图像各个通道的明暗程度，从而更加精确地改变图像的颜色。

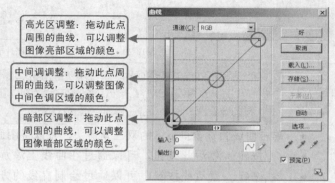

图10-26 【曲线】对话框

【曲线】对话框如图 10-26 所示，其中的水平轴（即输入色阶）代表图像色彩原来的亮度值，垂直轴（即输出色阶）代表图像调整后的颜色值。对于 RGB 颜色模式的图像，曲线显示"0～255"之间的强度值，暗调(0)位于左边。对于 CMYK 颜色模式的图像，曲线显示"0～100"之间的百分数，高光(0)位于左边，单击水平轴中的 按钮，可以随时反转图像中的暗调和高光区域的显示。

对于因曝光不足而色调偏暗的照片，将曲线调整至上凸的形态，可以使照片图像中的各色调区按比例加亮，从而使图像变亮，如图 10-27 所示。

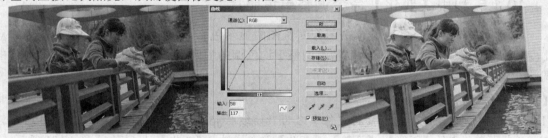

图10-27 调整曲线使暗色调的照片图像加亮

对于在阴天或雾天拍摄的色调偏灰的照片，将【曲线】命令的曲线调整至"S"形态，可以使照片的高光区加亮，阴影区变暗，从而增加照片的对比度，如图 10-28 所示。

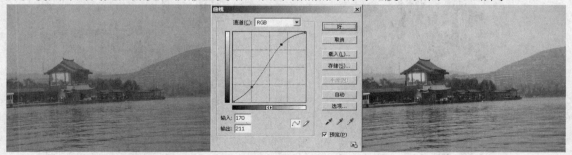

图10-28 调整曲线使偏灰色调的照片对比度增强

对于因曝光过度而色调高亮的照片，将曲线调整至向下凹的形态，可以使照片的各色调区按比例减暗，从而使照片的色调变得更加饱和，如图 10-29 所示。

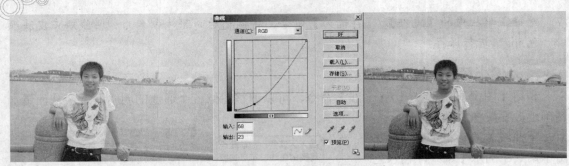

图10-29　调整曲线使亮色调的照片增加饱和度

当调整不同模式的图像时，其调整方法也不同，以上情况主要是对 RGB 模式的图像进行的调理。如果对 CMYK 模式的图像进行调整，正好与 RGB 模式相反，即向上调整曲线是将图像变暗，向下调整曲线是将图像变亮。

- 单击曲线预览窗口下方的双三角箭头，可以将图像的暗调和高光区域显示反转。
- ⌒ 按钮：激活此按钮，可以通过在曲线上添加点的方式对图像进行调整。
- ✎ 按钮：激活此按钮，可以通过绘制直线的方式对图像进行调整。
- 平滑(M) 按钮：单击此按钮，可以使图像的颜色变得平缓柔和。只有激活 ✎ 按钮时，此按钮才可用。
- 按钮：单击此按钮，可使【曲线】对话框在放大或缩小显示之间相互切换。

10.1.5 利用【变化】命令调整单色照片

利用【变化】命令并通过单击图像缩览图的显示色彩，可以调整图像的色彩平衡、对比度和饱和度。此命令用于不需要精确调整平均色调的图像，不能用于索引颜色模式图像的调整。

【例10-6】调整单色照片。

(1) 按 Ctrl+O 组合键，打开素材文件中名为 "婚纱照.jpg" 的照片文件，如图 10-30 所示。

(2) 选择菜单栏中的【图像】/【调整】/【变化】命令，弹出【变化】对话框，如图 10-31 所示。

图10-30　打开的照片

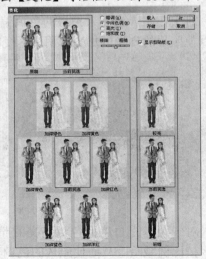

图10-31　【变化】对话框

对话框顶部的两个缩览图用于显示图像原始颜色效果和当前选择调整内容后的颜色效果。第一次打开该对话框时，这两个图像是一样的，随着颜色的不断调整，当前挑选缩览图将随之更改以反映上一次使用此命令时所做的调整。

(3) 在【变化】对话框中，首先在【加深青色】选项上单击，然后单击【加深蓝色】选项，最后在【加深绿色】选项上单击，此时就将照片调整成一幅单色照片了。单击 [好] 按钮，调整后的单色效果如图 10-32 所示。

(4) 选择菜单栏中的【文件】/【存储为】命令，将调整后的照片命名为"单色效果调整.jpg"进行保存。

图10-32　调整后的照片

 案例小结

本案例介绍了利用【变化】命令对 RGB 模式的照片进行单色效果的调整，希望读者能够掌握此命令。

10.1.6 利用【照片滤镜】命令调整照片的色温

在利用数码相机拍摄照片时，由于对当时拍摄环境的预测或黑白平衡设置的失误，可能会使所拍摄出的照片出现偏色现象，而 Photoshop CS 新增加的【照片滤镜】命令，就可以简单而有效地进行照片色温的补偿。

【例10-7】利用【照片滤镜】命令进行照片的色温补偿。

 操作步骤

(1) 按 Ctrl+O 组合键，打开素材文件中名为"男孩.jpg"的照片文件，如图 10-33 所示。

(2) 选择菜单栏中的【图像】/【调整】/【照片滤镜】命令，弹出【照片滤镜】对话框，如图 10-34 所示。

图10-33　打开的照片

图10-34　【照片滤镜】对话框

(3) 在【滤镜】选项右侧的下拉列表中选择"冷却滤镜（82）"选项，如图 10-35 所示。此时画面色温将发生变化，如图 10-36 所示。

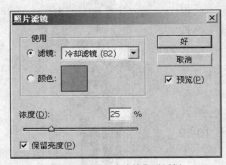
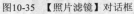

图10-35 【照片滤镜】对话框　　　　　　　　　　图10-36 画面色温变化效果

(4) 选择菜单栏中的【文件】/【存储为】命令，将调整后的照片命名为"色温补偿.jpg"进行保存。

 案例小结

　　本案例通过调整【照片滤镜】对话框中的【浓度】参数，可以改变画面色温的浓度。本例选用的是【照片滤镜】对话框默认的参数，根据画面色调的需要读者可以对此参数进行调整，观察照片的色调会发生怎样的变化。

10.1.7 黑白照片彩色化处理

【例10-8】本案例利用【图像】/【调整】命令将黑白照片调整为彩色照片，调整前后的照片效果如图 10-37 所示。

图10-37 照片调整前后的对比效果

 操作步骤

(1) 打开素材文件中名为"女孩.jpg"的图片文件。

(2) 选择菜单栏中的【图像】/【模式】/【CMYK 颜色】命令，将图像颜色模式转换为 CMYK 颜色模式。

(3) 单击【图层】面板底部的 ⊘. 按钮，在弹出的菜单中选择【通道混合器】命令，在打开的【通道混合器】面板中分别调整"青色"、"洋红"和"黄色"通道选项的参数，如图 10-38 所示。

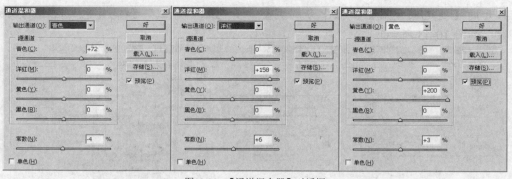

图10-38 【通道混合器】对话框

(4) 单击 好 按钮，调整后的效果如图 10-39 所示。

(5) 单击【图层】面板中添加的调整层缩览图，将其设置为当前状态，如图 10-40 所示。然后为画面填充黑色，将调整后的效果先屏蔽。

图10-39 调整后的效果

图10-40 鼠标指针单击的位置

(6) 将前景色设置为白色，选择工具箱中的 按钮，设置属性栏中的【不透明度】参数为 "50%"，然后设置合适的笔头大小后，在画面中的人物脸部位置拖曳鼠标指针，使其应用调整的颜色，状态如图 10-41 所示。

(7) 依次在人物的脸部和手、胳膊位置拖曳鼠标指针，注意笔头大小和【不透明度】参数的设置，使人物皮肤位置应用调整的颜色，最终效果如图 10-42 所示。

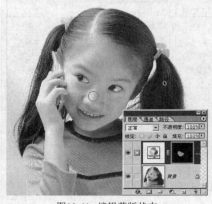

图10-41 编辑蒙版状态

图10-42 编辑蒙版后的效果

(8) 单击【图层】面板底部的 按钮，在弹出的菜单中再次选择【通道混合器】命令，在打开的【通道混合器】面板中分别调整"青色"、"洋红"和"黄色"通道选项的参数，如图 10-43 所示。

图10-43 【通道混合器】对话框

(9) 单击_____好_____按钮，调整后的效果如图 10-44 所示。

(10) 为调整层右边的蒙版填充黑色，然后选择工具箱中的 ✐ 按钮，在人物的嘴唇位置描绘白色来编辑蒙版，使其应用调整后的颜色，效果如图 10-45 所示。

图10-44 调整后的效果

图10-45 编辑蒙版后的效果

(11) 单击【图层】面板底部的 ⊘. 按钮，在弹出的菜单中选择【通道混合器】命令，在打开的【通道混合器】面板中分别调整"青色"、"洋红"和"黄色"通道选项的参数，如图 10-46 所示。

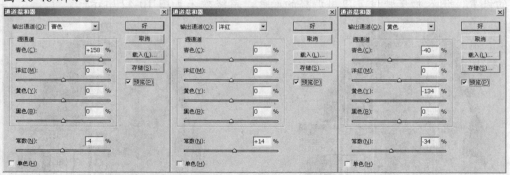

图10-46 【通道混合器】对话框

(12) 单击_____好_____按钮，调整后的效果如图 10-47 所示。

(13) 为调整层右边的蒙版填充黑色，然后选择工具箱中的 ✐ 按钮，在人物的衣服和头发上蝴蝶结位置描绘白色来编辑蒙版，使其应用调整后的颜色，效果如图 10-48 所示。

图10-47 调整后的效果

图10-48 编辑蒙版后的效果

(14) 单击【图层】面板底部的 ◎. 按钮，在弹出的菜单中选择【通道混合器】命令，在打开的【通道混合器】面板中分别调整"青色"和"洋红"通道选项的参数，如图 10-49 所示。

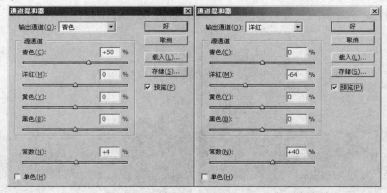

图10-49 【通道混合器】对话框

(15) 单击 ___好___ 按钮，调整后的效果如图 10-50 所示。

(16) 选择工具箱中的 ✎ 按钮，在【图层】面板添加的调整层右边的蒙版中利用黑色来编辑蒙版，使人物显示出原来的颜色，效果如图 10-51 所示。

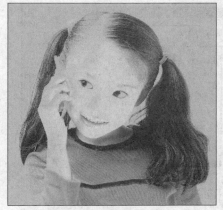

图10-50 调整后的效果

图10-51 编辑蒙版后的效果

(17) 选择菜单栏中的【文件】/【存储为】命令，将其重新命名为"黑白照片彩色化.psd"进行保存。

案例小结

本案例主要介绍将黑白照片进行彩色化处理的方法，其中主要运用了图像模式的转换以及"通道混合器"色彩调整命令与图层蒙版的结合运用。此案例具有很强的实用性，希望读者能够将其掌握，并且能够自己调制出更加漂亮的色彩画面效果。

10.2 实训练习

通过本章案例的学习，读者自己动手对下面的图片进行颜色调整。

10.2.1 利用【曲线】命令调整颜色偏灰的照片

利用菜单栏中的【图像】/【调整】/【曲线】命令对颜色偏灰的照片进行矫正，在操作时要注意曲线调整与画面的变化。原照片及调整后的效果对比如图 10-52 所示。

图10-52　原照片及调整后的效果对比

操作步骤

曲线的调整形态如图 10-53 所示。

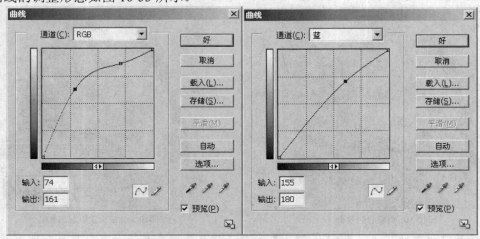

图10-53　曲线的调整形态

10.2.2 修复逆光中的照片

针对逆光中拍摄的照片进行调整修复，原图片及调整后的效果对比如图10-54所示。

图10-54 原图片及调整后的效果对比

操作步骤

本例逆光中的照片修复过程分析如图10-55所示。

图10-55 逆光中的照片修复过程分析图

操作与练习

一、填空题

1. 【调整】菜单下的命令主要是对图像或图像的某一部分进行_____、_____、_____及_____等调整，使用这些命令可以使图像产生多种色彩上的变化。

2. 在对图像的颜色进行调整时，一定要注意_____的添加与运用。

二、选择题

1. 可以将图像中的颜色以及明度全部反转的命令为（　　）。

A.【自动对比度】　　　B.【自动颜色】　　　C.【去色】　　　D.【反相】

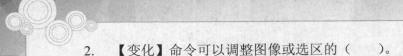

2. 【变化】命令可以调整图像或选区的（　　）。

A．色彩平衡　　　　　B．对比度　　　　　C．亮度　　　　　D．饱和度

三、操作题

1. 在素材文件中打开名为"T10-02.jpg"的图片文件，根据本章 10.1.1 小节案例内容的介绍，将曝光不足的照片进行调整，照片原图与调整后的效果如图 10-56 所示。

图10-56　照片原图与调整后的效果

2. 在素材文件中打开名为"T10-03.jpg"的图片文件，根据本章 10.1.1 小节案例内容的介绍，将曝光过度的照片进行调整，照片原图与调整后的效果如图 10-57 所示。

图10-57　照片原图与调整后的效果

3. 在素材文件中打开名为"T10-04.jpg"的图片文件，利用本章介绍的【曲线】、【色彩平衡】等命令，将黑白照片分别调整成红色、黄绿色和青色的单色画面效果，图像原图与调整后的效果如图 10-58 所示。

图10-58　图像原图与调整后的效果

4. 在素材文件中打开名为"T10-05.jpg"的图片文件，如图 10-59 所示。根据本章 10.1.7 小节案例内容的介绍，利用【通道混合器】命令，将人物图片中的衣服颜色进行调整，调整后的人物衣服如图 10-60 所示。

图10-59　打开的图片　　　　　　　　　　　　　图10-60　调整衣服颜色后的效果

第11章 滤镜应用

滤镜是 Photoshop 中最精彩的内容，它主要用来对图像进行特殊效果的处理，使图像的风格发生变化，从而制作出非常有创意的作品。例如，一幅风景画通过不同【滤镜】命令的处理可以使其变为油画效果。

【滤镜】菜单命令主要包括【上次滤镜操作】、【抽出】、【虑镜库】、【液化】、【图案生成器】、【像素化】、【扭曲】、【杂色】、【模糊】、【渲染】、【画笔描边】、【素描】、【纹理】、【艺术效果】、【视频】、【锐化】、【风格化】、【其它】、【Digimarc】（作品保护）等命令。

- 学会利用【滤镜】菜单命令中的几种常用命令，制作特殊艺术效果的方法。

11.1 【滤镜】菜单命令

选择菜单栏中的【滤镜】命令，弹出的子菜单如图 11-1 所示。

 命令简介

- 【上次滤镜操作】命令：使图像重复上一次所使用的滤镜。

- 【抽出】命令：根据图像的色彩区域，可以有效地将图像在背景中提取出来。

- 【滤镜库】命令：可以累积应用滤镜，并多次应用单个滤镜。还可以重新排列滤镜并更改已应用每个滤镜的设置等，以便实现所需的效果。

- 【液化】命令：使用此命令，可以使图像产生各种各样的图像扭曲变形效果。

- 【图案生成器】命令：可以快速地将所选择的图像范围生成平铺图案效果。

- 【像素化】命令：可以使图像产生分块，呈现出由单元格组成的效果。

- 【扭曲】命令：可以使图像产生多种样式的扭曲变形效果。

图11-1 【滤镜】子菜单

- 【杂色】命令：可以使图像按照一定的方式混合入杂点，制作着色像素图案的纹理。
- 【模糊】命令：可以使图像产生模糊效果。
- 【渲染】命令：使用此命令，可以改变图像的光感效果。例如，可以模拟在图像场景中放置不同的灯光，产生不同的光源效果、夜景等。
- 【画笔描边】命令：在图像中增加颗粒、杂色或纹理，从而使图像产生多样的艺术画笔绘画效果。
- 【素描】命令：可以使用前景色和背景色置换图像中的色彩，从而生成一种精确的图像艺术效果。
- 【纹理】命令：可以使图像产生多种多样的特殊纹理及材质效果。
- 【艺术效果】命令：可以使 RGB 模式的图像产生多种不同风格的艺术效果。
- 【视频】命令：该命令是 Photoshop 的外部接口命令，用于从摄像机输入图像或将图像输出到录像带上。
- 【锐化】命令：将图像中相邻像素点之间的对比增加，使图像更加清晰化。
- 【风格化】命令：可以使图像产生各种印象派及其他风格的画面效果。
- 【其它】命令：使用此命令，读者可以设定和创建自己需要的特殊效果滤镜。
- 【Digimarc】（作品保护）命令：将自己的作品加上自己的标记，对作品进行保护。

11.1.1 制作浮雕效果

【例11-1】本案例制作浮雕效果，完成后的画面如图 11-2 所示。

操作步骤

(1) 选择菜单栏中的【文件】/【打开】命令，打开素材文件中名为 "T11-02.jpg" 和 "T11-03.psd" 的图片文件，如图 11-3 所示。

图11-2 画面浮雕效果

图11-3 打开的图片文件

(2) 将 "T11-03.psd" 文件设置为当前工作状态，选择菜单栏中的【编辑】/【全选】命令，将画面全部选中。

(3) 选择菜单栏中的【编辑】/【拷贝】命令，将选择的花朵图片复制，然后将 "T11-02.jpg" 文件设置为当前工作状态。

(4) 打开【通道】面板，单击底部的 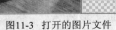 按钮，在【通道】面板中新建一个通道 "Alpha 1"，然后选择菜单栏中的【编辑】/【粘贴】命令，将复制的花朵图片粘贴在 "Alpha 1" 通道中，并将其移动到如图 11-4 所示的位置。

(5) 再次选择菜单栏中的【编辑】/【粘贴】命令，将复制的花朵图片再次粘贴在"Alpha 1"通道中。

(6) 选择菜单栏中的【编辑】/【自由变换】命令，为其添加自由变换框，然后将其调整至如图 11-5 所示的形态和位置。

图11-4 粘贴到【通道】中的花朵图片　　　　　图11-5 调整后的图像形态

(7) 按 Enter 键确认图像的变形操作，按 Ctrl+D 组合键将选区去除，然后按 Ctrl+～ 组合键，返回到 RGB 颜色模式。

(8) 选择菜单栏中的【滤镜】/【渲染】/【光照效果】命令，在弹出的【光照效果】对话框中设置其参数及选项，如图 11-6 所示。

(9) 参数设置完成后单击 好 按钮，执行【光照效果】命令后的画面效果如图 11-7 所示。

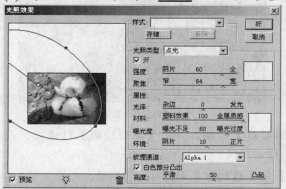 

图11-6 【光照效果】对话框　　　　　图11-7 执行【光照效果】命令后的画面效果

(10) 选择菜单栏中的【文件】/【存储为】命令，将其重新命名为"浮雕效果.psd"进行保存。

 案例小结

本案例主要介绍了利用【光照效果】命令结合【通道】的存储为图像制作浮雕效果的方法，关于【光照效果】命令对话框，读者要多进行不同选项设置的练习。

11.1.2 制作粗布纹效果

【例11-2】本案例将利用【滤镜】命令制作粗布纹效果，如图 11-8 所示。

操作步骤

(1) 按 Ctrl+O 组合键，打开素材文件中名为 "T11-04.jpg" 的文件，如图 11-9 所示。

图11-8 制作完成的粗布纹效果

图11-9 打开的图片文件

(2) 选择菜单栏中的【滤镜】/【杂色】/【添加杂色】命令，弹出【添加杂色】对话框，设置各项参数如图 11-10 所示。

(3) 单击 好 按钮，执行【添加杂色】命令后的效果如图 11-11 所示。

图11-10 【添加杂色】对话框

图11-11 执行【添加杂色】命令后的效果

(4) 选择菜单栏中的【滤镜】/【模糊】/【高斯模糊】命令，弹出【高斯模糊】对话框，设置各项参数如图 11-12 所示。

(5) 单击 好 按钮，执行【高斯模糊】命令后的效果如图 11-13 所示。

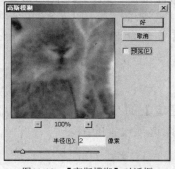

图11-12 【高斯模糊】对话框

图11-13 执行【高斯模糊】命令后的效果

(6) 选择菜单栏中的【滤镜】/【锐化】/【USM 锐化】命令，弹出【USM 锐化】对话框，设置各项参数如图 11-14 所示。

(7) 单击 好 按钮，执行【USM 锐化】命令后的效果如图 11-15 所示。

图11-14 【USM 锐化】对话框

图11-15 执行【USM 锐化】命令后的效果

(8) 新建"图层 1",并为其填充上黑色,然后执行【滤镜】/【杂色】/【添加杂色】命令,弹出【添加杂色】对话框,设置各项参数如图 11-16 所示。

(9) 单击 好 按钮,执行【添加杂色】命令后的效果如图 11-17 所示。

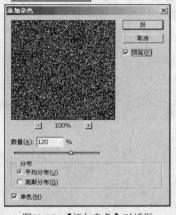

图11-16 【添加杂色】对话框

图11-17 执行【添加杂色】命令后的效果

(10) 将"图层 1"的图层混合模式设置为"滤色",更改混合模式后的效果如图 11-18 所示。

(11) 将"图层 1"复制生成为"图层 1 副本",然后执行【滤镜】/【模糊】/【动感模糊】命令,弹出【动感模糊】对话框,设置各项参数如图 11-19 所示。

图11-18 更改混合模式后的效果

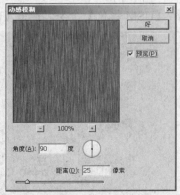

图11-19 【动感模糊】对话框

(12) 单击 好 按钮，执行【动感模糊】命令后的效果如图 11-20 所示。

(13) 选择菜单栏中的【滤镜】/【锐化】/【锐化】命令，来增大图像像素之间的反差，使图像产生较为清晰的效果，如图 11-21 所示。

图11-20 执行【动感模糊】命令后的效果　　　　　　图11-21 执行【锐化】命令后的效果

(14) 将"图层 1"设置为当前层，然后执行【滤镜】/【模糊】/【动感模糊】命令，弹出【动感模糊】对话框，设置各项参数如图 11-22 所示。

(15) 单击 好 按钮，执行【动感模糊】命令后的效果如图 11-23 所示。

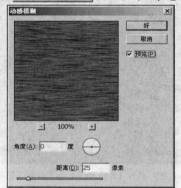

图11-22 【动感模糊】对话框　　　　　　　　图11-23 执行【动感模糊】命令后的效果

(16) 选择菜单栏中的【滤镜】/【锐化】/【锐化】命令，来增大图像像素之间的反差，使图像产生较为清晰的效果，如图 11-24 所示。

(17) 按 Shift+Ctrl+Alt+E 组合键，盖印图层生成"图层 2"，然后选择菜单栏中的【滤镜】/【锐化】/【USM 锐化】命令，弹出【USM 锐化】对话框，设置各项参数如图 11-25 所示。

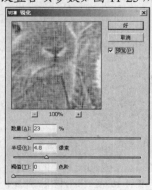

图11-24 执行【锐化】命令后的效果　　　　　　图11-25 【USM 锐化】对话框

(18) 单击 <u>好</u> 按钮，执行【USM 锐化】命令后的效果如图 11-26 所示。

图11-26 执行【USM 锐化】命令后的效果

(19) 选择菜单栏中的【文件】/【存储为】命令，将文件命名为"粗布纹效果.psd"进行保存。

 案例小结

本案例主要综合运用了【添加杂色】、【动感模糊】、【USM 锐化】等滤镜命令，通过本例的学习，希望读者掌握各滤镜命令综合运用的方法，以制作出其他的艺术效果。

11.1.3 制作下雨和下雪效果

【例11-3】本案例综合几种滤镜命令制作下雨和下雪效果，如图 11-27 和图 11-28 所示。

图11-27 下雨效果

图11-28 下雪效果

 操作步骤

(1) 选择菜单栏中的【文件】/【打开】命令，打开素材文件中名为"T11-06.jpg"的图片，如图 11-29 所示。

(2) 在【图层】面板中新建一个"图层 1"图层，并将其填充上黑色。

(3) 选择菜单栏中的【滤镜】/【杂色】/【添加杂色】命令，在弹出的【添加杂色】对话框中设置其参数，如图 11-30 所示。

图11-29 打开的图片

图11-30 【添加杂色】对话框

(4) 参数设置后单击 [好] 按钮，执行【添加杂色】命令后的画面效果如图 11-31 所示。

(5) 选择菜单栏中的【滤镜】/【像素化】/【晶格化】命令，在弹出的【晶格化】对话框中设置其参数，如图 11-32 所示。

图11-31 执行【添加杂色】命令后的画面效果

图11-32 【晶格化】对话框

(6) 参数设置完成后，单击 [好] 按钮，执行【晶格化】命令后的画面效果如图 11-33 所示。

(7) 选择菜单栏中的【滤镜】/【其它】/【最小值】命令，在弹出的【最小值】对话框中设置其参数，如图 11-34 所示。

图11-33 执行【晶格化】命令后的画面效果

图11-34 【最小值】对话框

(8) 参数设置完成后，单击 [好] 按钮，执行【最小值】命令后的画面效果如图 11-35 所示。

(9) 选择菜单栏中的【选择】/【色彩范围】命令，在弹出的【色彩范围】对话框中设置其参数如图 11-36 所示，然后单击 [好] 按钮。

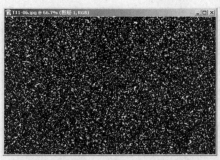

图11-35 执行【最小值】命令后的画面效果

图11-36 【色彩范围】对话框

(10) 选择菜单栏中的【选择】/【反选】命令，将添加的选区反选。

(11) 按 Delete 键将选区内的黑色删除，然后去除选区，其画面效果如图 11-37 所示。

(12) 选择菜单栏中的【滤镜】/【模糊】/【动感模糊】命令，在弹出的【动感模糊】对话框中设置其参数，如图 11-38 所示。

图11-37 删除黑色后的画面效果

图11-38 【动感模糊】对话框

(13) 参数设置完成后单击 好 按钮，下雨效果制作完毕。

(14) 选择菜单栏中的【文件】/【存储为】命令，将其重新命名为"下雨效果.psd"进行保存。

接着制作下雪效果。

(15) 按 Ctrl+Alt+Z 组合键，返回到操作步骤 11 的画面状态，如图 11-39 所示。

(16) 选择菜单栏中的【滤镜】/【模糊】/【高斯模糊】命令，在弹出的【高斯模糊】对话框中设置其参数如图 11-40 所示，然后单击 好 按钮。

图11-39 返回后的画面形态

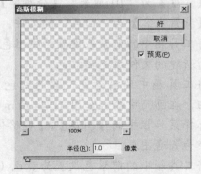

图11-40 【高斯模糊】对话框

(17) 选择菜单栏中的【滤镜】/【模糊】/【动感模糊】命令，在弹出的【动感模糊】对话框中设置其参数，如图 11-41 所示。

(18) 参数设置完成后单击 好 按钮，下雪效果制作完毕，效果如图 11-42 所示。

图11-41 【动感模糊】对话框　　　　　　　　　　　图11-42 制作的下雪效果

(19) 选择菜单栏中的【文件】/【存储为】命令，将其重新命名为"下雪效果.psd"进行
保存。

 案例小结

本案例主要介绍了下雨和下雪效果的制作方法，其中学习了【添加杂色】、【晶格化】、
【最小值】、【动感模糊】等滤镜命令的使用方法，希望读者能够将其掌握。

11.1.4 制作球形效果字

【例11-4】本案例将综合多种命令操作，制作非常漂亮的球形效果字，如图 11-43 所示。

图11-43 制作的球形效果字

操作步骤

(1) 选择菜单栏中的【文件】/【新建】命令，在工作区中新建一个【高度】为"10 厘米"，
【宽度】为"10 厘米"，【分辨率】为"100 像素/英寸"，【颜色模式】为"RGB 颜色"，
【背景内容】为"白色"的文件。

(2) 将工具箱中的前景色设置为橘红色（C:0,M:50,Y:100,K:0），按 Alt+Backspace 组合键，
为新建的文件填充橘红色。

(3) 将工具箱中的前景色设置为红色（C:0,M:100,Y:100,K:0），然后单击工具箱中的 T 按
钮，在画面中输入如图 11-44 所示的文字。

(4) 选择菜单栏中的【图层】/【栅格化】/【文字】命令，将【图层】面板中的文字图层转
换为普通图层。

(5) 将工具箱中的前景色设置为黄色（C:0,M:0,Y:100,K:0），然后选择菜单栏中的【编辑】/
【描边】命令，在弹出的【描边】对话框中设置其参数，如图 11-45 所示。

(6) 参数设置完成后单击 好 按钮，然后按 Ctrl+E 组合键，将文字图层合并到背景图
层中。

(7) 单击工具箱中的 按钮，按住 Shift 键，在画面中绘制出如图 11-46 所示的圆形选区。

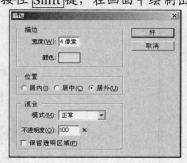

图11-44 输入的文字　　　　　　　　图11-45 【描边】对话框　　　　　　　图11-46 绘制出的选区

(8) 选择菜单栏中的【滤镜】/【扭曲】/【球面化】命令，在弹出的【球面化】对话框中设置其参数，如图 11-47 所示。

(9) 参数设置完成后单击 好 按钮，执行【球面化】命令后的画面效果如图 11-48 所示。

(10) 按 Ctrl+F 组合键，再次执行【球面化】命令，使球面化效果更加突出，效果如图 11-49 所示。

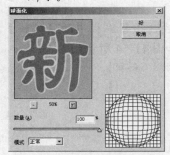

图11-47 【球面化】对话框　　　　图11-48 执行【球面化】命令后的效果　　　图11-49 再次执行后的效果

(11) 选择菜单栏中的【滤镜】/【渲染】/【光照效果】命令，在弹出的【光照效果】对话框中设置其选项和参数，如图 11-50 所示。

(12) 选项和参数设置完成后单击 好 按钮，执行【光照效果】命令后的画面效果如图 11-51 所示。

图11-50 【光照效果】对话框　　　　　　图11-51 执行【光照效果】命令后的画面效果

(13) 选择菜单栏中的【滤镜】/【渲染】/【镜头光晕】命令，在弹出的【镜头光晕】对话框中设置其参数，如图 11-52 所示。

(14) 参数设置完成后单击 [好] 按钮，执行【镜头光晕】命令后的画面效果如图 11-53 所示。

图11-52 【镜头光晕】对话框　　　　图11-53 执行【镜头光晕】命令后的画面效果

(15) 选择菜单栏中的【文件】/【新建】命令，在工作区中新建一个【高度】为 "12cm"，【宽度】为 "43cm"，【分辨率】为 "120 像素/英寸"，【颜色模式】为 "RGB 颜色"，【背景内容】为 "白色" 的文件。

(16) 将制作的球形字移动复制到 "未标题-2.psd" 文件中，然后选择菜单栏中的【编辑】/【自由变换】命令，为其添加自由变换框，并将其旋转至如图 11-54 所示的形态。

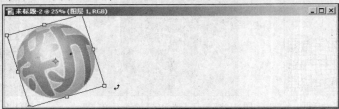

图11-54 调整图像状态

(17) 确定图形旋转角度后，选择菜单栏中的【图层】/【图层样式】/【投影】命令，在弹出的【图层样式】对话框中设置其参数，如图 11-55 所示。

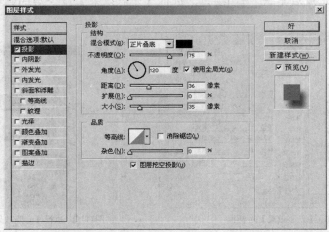

图11-55 【图层样式】对话框

(18) 参数设置完成后单击 [好] 按钮，添加投影后的球形字效果如图 11-56 所示。

图11-56 添加投影后的球形字效果

(19) 用前面所介绍的方法再制作出其他 3 个球形字，完成的画面效果如图 11-57 所示。

图11-57 制作完成的球形字效果

(20) 选择菜单栏中的【文件】/【存储】命令，将其命名为 "球形字效果.psd" 进行保存。

案例小结

本案例通过球形字效果的制作，复习了前面介绍的文字描边操作、图层的合并操作以及滤镜命令中的【镜头光晕】和【光照效果】的使用方法，还介绍了新的【球面化】命令。通过本案例的学习，希望读者能够制作出更加漂亮的球形字效果。

11.1.5 制作火焰字效果

【例11-5】本案例介绍制作火焰字，其效果如图 11-58 所示。

图11-58 火焰效果字

操作步骤

(1) 选择菜单栏中的【文件】/【新建】命令，在工作区中新建一个【高度】为 "16 厘米"，【宽度】为 "21 厘米"，【分辨率】为 "72 像素/英寸"，【颜色模式】为 "RGB 颜色"，【背景内容】为 "黑色" 的文件。

(2) 将工具箱中的前景色设置为白色，单击工具箱中的 T 按钮，在画面中输入如图 11-59 所示的文字。

(3) 选择菜单栏中的【图层】/【栅格化】/【文字】命令,将【图层】面板中的文字图层转换为普通图层。

(4) 按住 Ctrl 键,单击【图层】面板中的"火焰字"图层,为文字添加选区,如图 11-60 所示。

图11-59 输入的文字　　　　　　　　　　　　　　图11-60 添加的选区

(5) 打开【通道】面板,单击底部的 按钮,将选区保存为通道,然后按 Ctrl+D 组合键去除选区。

(6) 选择菜单栏中的【图像】/【旋转画布】/【90 度(顺时针)】命令,将画布顺时针旋转90°。

(7) 选择菜单栏中的【滤镜】/【风格化】/【风】命令,在弹出的【风】对话框中设置其选项,如图 11-61 所示。

(8) 选项设置完成后单击 好 按钮,执行【风】命令后的画面效果如图 11-62 所示。

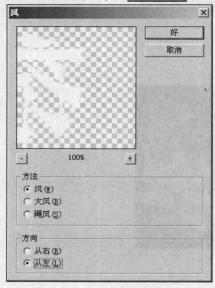

图11-61 【风】对话框　　　　　　　　　　　　图11-62 执行【风】命令后的画面效果

(9) 连续 3 次按 Ctrl+F 组合键,重复执行【风】命令,生成的画面效果如图 11-63 所示。

(10) 选择菜单栏中的【图像】/【旋转画布】/【90 度(逆时针)】命令,将画布逆时针旋转90°。

(11) 选择菜单栏中的【选择】/【载入选区】命令,在弹出的【载入选区】对话框中设置其选项,如图 11-64 所示。

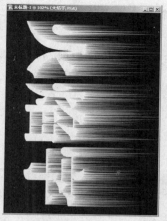

图11-63 重复执行【风】命令后的画面效果

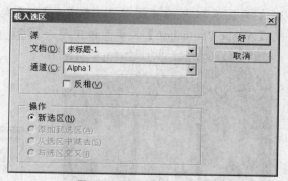

图11-64 【载入选区】对话框

(12) 选项设置完成后单击 好 按钮，载入的选区如图 11-65 所示。然后选择菜单栏中的【选择】/【反选】命令，将载入的选区反选。

(13) 选择菜单栏中的【滤镜】/【模糊】/【高斯模糊】命令，在弹出的【高斯模糊】对话框中设置其参数，如图 11-66 所示。

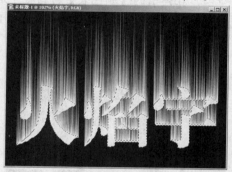

图11-65 载入的选区

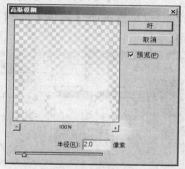

图11-66 【高斯模糊】对话框

(14) 参数设置完成后单击 好 按钮，执行【高斯模糊】命令后的画面效果如图 11-67 所示。

(15) 选择菜单栏中的【滤镜】/【扭曲】/【波纹】命令，在弹出的【波纹】对话框中设置其参数，如图 11-68 所示。

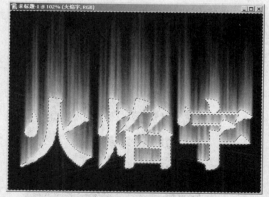

图11-67 执行【高斯模糊】命令后的画面效果

图11-68 【波纹】对话框

231

(16) 参数设置完成后单击 [好] 按钮，执行【波纹】命令后的画面效果如图 11-69 所示，然后将选区去除。

(17) 选择菜单栏中的【图像】/【模式】/【灰度】命令，在弹出的如图 11-70 所示的【Adobe Photoshop】提示面板中单击 [拼合(F)] 按钮，将图像转换为灰度模式。

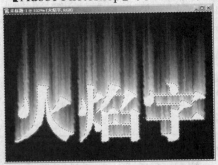

图11-69 执行【波纹】命令后的画面效果   图11-70 【Adobe Photoshop】提示面板

(18) 选择菜单栏中的【图像】/【模式】/【索引颜色】命令，将图像文件的颜色模式转换为索引颜色模式。

(19) 选择菜单栏中的【图像】/【模式】/【颜色表】命令，在弹出的【颜色表】对话框中选择如图 11-71 所示的【黑体】选项，然后单击 [好] 按钮，生成的画面效果如图 11-72 所示。

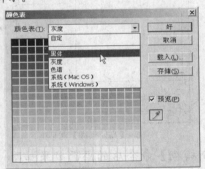

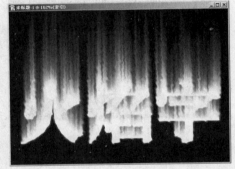

图11-71 【颜色表】对话框   图11-72 生成的画面效果

(20) 选择菜单栏中的【图像】/【模式】/【RGB 颜色】命令，将图像的索引颜色模式转换为 RGB 颜色模式。

(21) 选择菜单栏中的【选择】/【载入选区】命令，在弹出的【载入选区】对话框中设置其选项如图 11-73 所示，然后单击 [好] 按钮。

(22) 将选区填充深红色（C:25,M:85,Y:100,K:20），效果如图 11-74 所示。

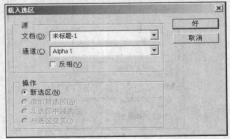

图11-73 【载入选区】对话框   图11-74 填充颜色后的文字效果

(23) 将工具箱中的前景色设置为白色，然后选择菜单栏中的【编辑】/【描边】命令，在弹出的【描边】对话框中设置其参数，如图 11-75 所示。

(24) 参数设置完成后单击 好 按钮，然后将选区去除，描边后的文字效果如图 11-76 所示。

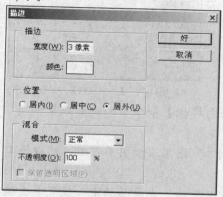

图11-75 【描边】对话框

图11-76 描边后的文字效果

(25) 选择菜单栏中的【文件】/【存储】命令，将其命名为"火焰字效果.psd"并进行保存。

案例小结

本例主要介绍火焰效果的制作方法，利用此方法不仅可以给文字制作火焰效果，还可以给图形或图像制作火焰效果，希望读者灵活掌握，达到学以致用的目的。

11.1.6 制作爆炸效果

【例11-6】本案例介绍一种画面爆炸效果，如图 11-77 所示。

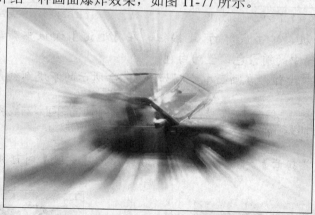

图11-77 制作的画面爆炸效果

操作步骤

(1) 选择菜单栏中的【文件】/【打开】命令，打开素材文件中名为"11-05.jpg"的图片，如图 11-78 所示。

(2) 在【图层】面板中，将"背景"图层复制为"背景副本"图层。然后选择菜单栏中的【滤镜】/【模糊】/【径向模糊】命令，在弹出的【径向模糊】对话框中设置其参数，如图 11-79 所示。

图11-78 打开的图片

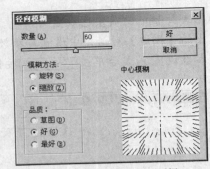

图11-79 【径向模糊】对话框

(3) 参数设置完成后单击 [好] 按钮，执行【径向模糊】命令后的画面效果如图 11-80 所示。

(4) 单击【图层】面板底部的 按钮，为"背景副本"图层添加图层蒙版，然后将工具箱中的前景色设置为黑色。

(5) 单击工具箱中的 按钮，设置一个较大的虚化笔头后，在画面的中心位置单击编辑蒙版，效果如图 11-81 所示。

图11-80 执行【径向模糊】命令后的画面效果

图11-81 编辑蒙版后的画面效果

(6) 打开【通道】面板，单击底部的 按钮，在【通道】面板中新建一个通道"Alpha 1"，然后将工具箱中的前景色设置为白色。

(7) 单击工具箱中的 按钮，在画面中绘制如图 11-82 所示的不规则线条。

 要点提示 在喷绘线条时，只要使它们能比较均匀地布满整个画面即可，对线条的形状没有特定的要求，画面中线条的数量决定在下一步操作时产生光线的数量。

(8) 选择菜单栏中的【扭曲】/【波纹】命令，在弹出的【波纹】对话框中设置其参数，如图 11-83 所示。

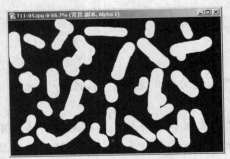

图11-82 喷绘出的线条

图11-83 【波纹】对话框

(9) 参数设置完成后单击 ▢好▢ 按钮，执行【波纹】命令后的画面效果如图 11-84 所示。然后用与步骤 2 相同的方法，给画面执行【径向模糊】命令，效果如图 11-85 所示。

图11-84　执行【波纹】命令后的画面效果

图11-85　执行【径向模糊】命令后的画面效果

(10) 按住 ▢Ctrl▢ 键，单击【通道】面板中的"Alpha 1"通道，将通道作为选区载入，如图 11-86 所示。然后在【图层】面板中新建一个"图层 1"图层。

(11) 在载入的选区中填充白色，然后将选区去除，其效果如图 11-87 所示。

图11-86　添加的选区

图11-87　填充白色后的画面效果

(12) 在【图层】面板中，将"图层 1"的图层混合模式设置为"叠加"，更改图层混合模式后的画面效果见图 11-77。

(13) 选择菜单栏中的【文件】/【存储为】命令，将其重新命名为"爆炸效果.psd"进行保存。

 案例小结

　　本案例主要利用【径向模糊】命令在图像中制作爆炸效果，此命令在实际工作中经常被用到，希望读者能够将其掌握，并制作出更加漂亮的图像合成效果。

11.1.7 制作闪电效果

【例11-7】本案例介绍制作闪电效果，最终效果如图 11-88 所示。

 操作步骤

(1) 选择菜单栏中的【文件】/【新建】命令，在工作区中新建一个【高度】为"12 厘米"，【宽度】为"10 厘米"，【分辨率】为"150 像素/英寸"，【颜色模式】为"RGB 颜色"，【背景内容】为"白色"的文件。

(2) 单击工具箱中的 ▢ 按钮，在属性栏中 ▢▬▬▬▮▾▢ 按钮上单击，在弹出的【渐变编辑器】窗口中设置渐变颜色参数如图 11-89 所示，然后单击 ▢好▢ 按钮。

图11-88 制作完成的闪电效果

(3) 在画面中由左上角至右下角拖曳鼠标，为"背景"层填充设置的线性渐变色，效果如图 11-90 所示。

图11-89 【渐变编辑器】窗口

图11-90 填充渐变色后的效果

(4) 按 D 键，将工具箱中的前景色和背景色设置为默认的黑色和白色。

(5) 选择菜单栏中的【滤镜】/【渲染】/【分层云彩】命令，为画面添加由前景色和背景色混合而成的云彩效果，如图 11-91 所示。此时根据需要也可以再按几次 Ctrl + F 组合键，直到出现理想的效果为止。

(6) 选择菜单栏中的【图像】/【调整】/【反相】命令，将画面反相显示，效果如图 11-92 所示。

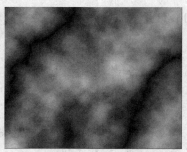

图11-91 执行【分层云彩】命令后的效果

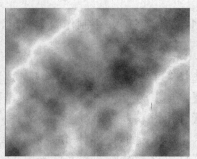

图11-92 反相显示后的画面效果

(7) 选择菜单栏中的【图像】/【调整】/【色阶】命令，弹出【色阶】对话框，设置各项参数如图 11-93 所示，然后单击 ___好___ 按钮。

(8) 选择菜单栏中的【图像】/【调整】/【色相/饱和度】命令，弹出【色相/饱和度】对话框，设置各项参数如图 11-94 所示。

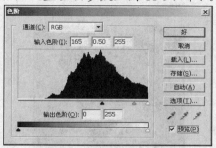

图11-93 【色阶】对话框

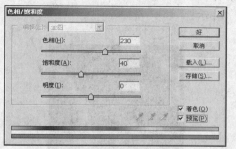

图11-94 【色相/饱和度】对话框

(9) 单击 ___好___ 按钮，调整后的效果如图 11-95 所示。

(10) 至此，闪电效果已制作完成，选择菜单栏中的【文件】/【存储】命令，将其命名为"制作闪电.jpg"保存。

接下来，将制作的闪电效果合成到背景图片中。

(11) 按 Ctrl+O 组合键，打开素材文件中名为"建筑.jpg"的图片，如图 11-96 所示。

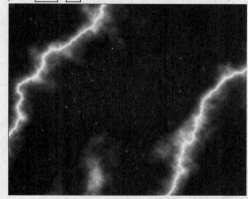

图11-95 调整后的效果

图11-96 打开的图片

(12) 按 Ctrl+L 组合键，弹出【色阶】对话框，设置各项参数如图 11-97 所示，然后单击 ___好___ 按钮，调整后的效果如图 11-98 所示。

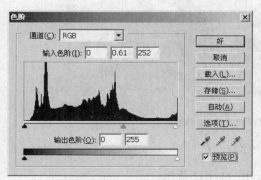

图11-97 【色阶】对话框

图11-98 调整后的效果

(13) 单击工具箱中的 ⊹ 按钮，将"闪电"图片移动复制到"建筑"文件中生成"图层 1"。

(14) 按 Ctrl + T 组合键，为复制入的闪电图片添加自由变换框，并将其调整至如图 11-99 所示的形态，然后按 Enter 键确定图片的变换操作。

(15) 将"图层 1"的图层混合模式设置为"滤色"，更改混合模式后的效果如图 11-100 所示。

图11-99 调整后的图片形态

图11-100 更改混合模式后的效果

(16) 选择菜单栏中的【文件】/【存储为】命令，将文件重命名为"合成背景.psd"进行保存。

11.1.8 把背景处理成彩色铅笔素描效果

【例11-8】本案例介绍如何将背景处理成彩色铅笔素描效果，如图 11-101 所示。

图11-101 背景处理成彩色铅笔素描后的效果

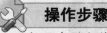

(1) 打开素材文件中名为"人物.jpg"的图片，如图 11-102 所示。

图11-102　打开的图片

(2) 利用工具箱中的 🖊 工具和 ⊼ 工具，沿人物的轮廓绘制并调整出如图 11-103 所示的路径。

图11-103　绘制的路径

(3) 按 Ctrl+Enter 组合键，将路径转换为选区，形态如图 11-104 所示。

图11-104　转换的选区形态

(4) 按 Ctrl+J 组合键，将选区中的内容通过复制生成"图层 1"，然后将"背景"层依次复制生成为"背景 副本"层和"背景 副本2"层。

(5) 将"图层 1"和"背景 副本 2"层隐藏，并将"背景 副本"层设置为当前层，然后选择菜单栏中的【滤镜】/【纹理】/【颗粒】命令，弹出【颗粒】对话框，设置各项参数如图 11-105 所示。

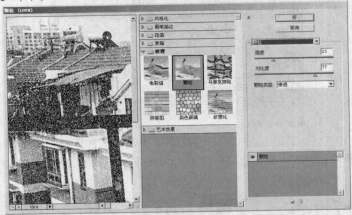

图11-105 【颗粒】对话框

(6) 单击 好 按钮，执行【颗粒】命令后的效果如图 11-106 所示。

(7) 选择菜单栏中的【滤镜】/【模糊】/【动感模糊】命令，弹出【动感模糊】对话框，设置各项参数如图 11-107 所示。

图11-106 执行【颗粒】命令后的效果

图11-107 【动感模糊】对话框

(8) 单击 好 按钮，执行【动感模糊】命令后的效果如图 11-108 所示。

图11-108 执行【动感模糊】命令后的效果

(9) 选择菜单栏中的【滤镜】/【画笔描边】/【成角的线条】命令，弹出【成角的线条】对话框，设置各项参数如图 11-109 所示。

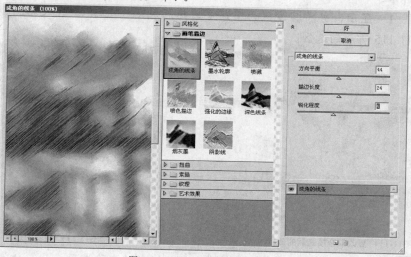

图11-109 【成角的线条】对话框

(10) 单击 好 按钮，执行【成角的线条】命令后的效果如图 11-110 所示。

(11) 将"背景 副本 2"显示，并将其设置为当前层，然后执行【滤镜】/【风格化】/【查找边缘】命令，在图像中查找颜色的主要变化区域，强化过渡像素，效果如图 11-111 所示。

图11-110 执行【成角的线条】命令后的效果

图11-111 执行【查找边缘】命令后的效果

(12) 按 Ctrl+U 组合键，弹出【色相/饱和度】对话框，设置各项参数如图 11-112 所示，然后单击 好 按钮，调整后的效果如图 11-113 所示。

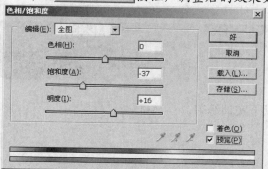

图11-112 【色相/饱和度】对话框

图11-113 调整后的效果

(13) 将"背景 副本 2"层的图层混合模式设置为"叠加"，更改混合模式后的效果如图
11-114 所示。

(14) 将"图层 1"显示，并将其设置为当前层，然后利用 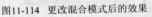 工具，在人物的腿部下方绘制
出如图 11-115 所示的选区。

图11-114 更改混合模式后的效果

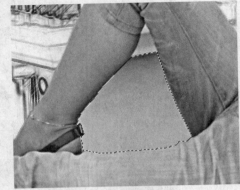

图11-115 绘制的选区

(15) 按 Delete 键删除选区中的内容，然后按 Ctrl+D 组合键去除选区。

(16) 按 Shift+Ctrl+Alt+E 组合键，盖以图层生成"图层 2"，然后按 Ctrl+L 组合键，弹出
【色阶】对话框，设置各项参数如图 11-116 所示。

(17) 单击 好 按钮，调整后的效果如图 11-117 所示。

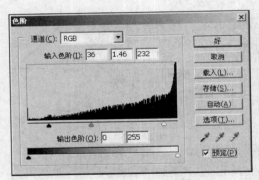

图11-116 【色阶】对话框

图11-117 调整后的效果

(18) 选择菜单栏中的【文件】/【存储为】命令，将文件命名为"把背景处理成彩色铅笔素
描效果.psd"进行保存。

11.2 实训练习

通过本章案例的学习，读者自己动手进行以下实训练习。

11.2.1 纹理浮雕效果制作

利用【滤镜】命令为图像添加纹理浮雕效果，如图 11-118 所示。

图11-118 制作的纹理浮雕效果

 操作步骤

(1) 打开素材文件中名为"T11-01.jpg"的图片。

(2) 选择菜单栏中的【滤镜】/【纹理】/【纹理化】命令,在弹出的【纹理化】对话框中设置其选项和参数,如图 11-119 所示,然后单击 [　好　] 按钮即可。

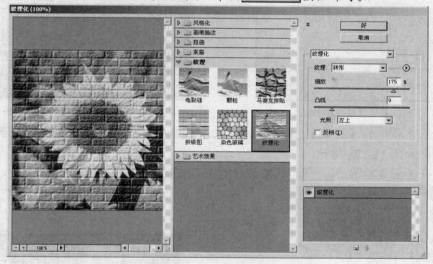

图11-119 【纹理化】对话框

11.2.2 水中倒影效果制作

制作水中倒影效果如图 11-120 所示。

图11-120 水中倒影效果

操作步骤

(1) 打开素材文件中名为"T11-07.jpg"的图片，然后在画面中输入红色的"水中倒影"文字。

(2) 选择菜单栏中的【图层】/【栅格化】/【文字】命令，将【图层】面板中的文字图层转换为普通图层。

(3) 将工具箱中的前景色设置为黄色（C:0,M:0,Y:100,K:0），然后利用菜单栏中的【编辑】/【描边】命令为文字添加黄色的描边，参数设置如图11-121所示。

(4) 在【图层】面板中将"水中倒影"图层复制为"水中倒影 副本"图层，然后选择菜单栏中的【编辑】/【变换】/【垂直翻转】命令，将"水中倒影 副本"图层中的文字垂直翻转，并将其移动到如图11-122所示的位置。

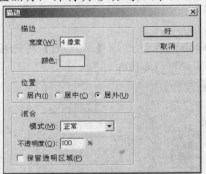

图11-121　【描边】对话框

图11-122　垂直翻转后的文字

(5) 选择菜单栏中的【滤镜】/【扭曲】/【波浪】命令，在弹出的【波浪】对话框中设置其参数，如图11-123所示。

(6) 参数设置完成后单击 好 按钮，文字波浪效果如图11-124所示。

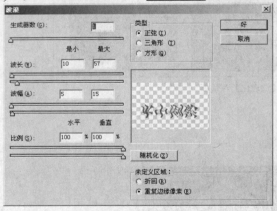

图11-123　【波浪】对话框

图11-124　执行【波浪】命令后的画面效果

(7) 选择菜单栏中的【编辑】/【变换】/【透视】命令，为文字添加透视变形框，并将其调整成如图11-125所示的形态。

(8) 按 Enter 键确认文字的透视变形操作，然后在【图层】面板中将"水中倒影 副本"图层的图层混合模式设置为"滤色"，【不透明度】设置为"70%"，即可完成水中倒影效果的制作，如图11-126所示。

图11-125 调整文字透视形态

图11-126 最后文字效果

操作与练习

1. 用本章介绍的浮雕效果制作方法，制作如图 11-127 所示的浮雕画面效果。
2. 用本章介绍的球形效果字制作方法，制作如图 11-128 所示的球形字画面效果。

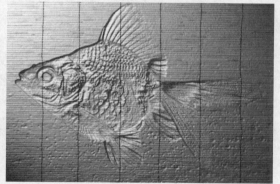

图11-127 浮雕效果

图11-128 制作的球形字画面效果

3. 用本章介绍的爆炸效果制作方法，制作如图 11-129 所示的爆炸画面效果。
4. 用本章介绍的火焰效果制作方法，制作如图 11-130 所示的火轮效果。

图11-129 制作的爆炸效果

图11-130 火轮效果